精品课程新形态教材
新时代创新型人才培养精品教材

SHINEI SHEJI
CAD

室内设计
CAD

主 编 赵晓莉 牛丽娜
副主编 高 明 段致成 郎皎宇

内容提要

本书分析了学生的学情，在针对学生的学习特点、兴趣及短板的基础上围绕家居设计实战项目流程，按两条主线进行编制，一条是对 AutoCAD 软件工具的学习，另一条是从量房到平面布置设计的图纸绘制，使学生在掌握 AutoCAD 绘图软件应用的同时，能够完成平面布置图的绘制。平面布置图是室内设计方案中最重要的图纸之一，也是决定项目能否洽谈成功的关键因素之一。全书共设置三个项目，三个项目在难度上层层递进，项目 1 为单项功能区平面布置，项目 2 为室内原始结构的测量与表达，项目 3 为室内空间设计平面布置及输出。本书可作为室内专业及其他相关专业的教材，也可作为相关行业人员的参考用书。

图书在版编目（CIP）数据

室内设计 CAD/赵晓莉，牛丽娜主编. —上海：上海交通大学出版社，2023.2（2025.2 重印）
ISBN 978-7-313-28304-7

Ⅰ.①室… Ⅱ.①赵… ②牛… Ⅲ.①室内装饰设计-计算机辅助设计-AutoCAD 软件 Ⅳ.①TU238.2-39

中国国家版本馆 CIP 数据核字（2023）第 023523 号

室内设计 CAD
SHINEI SHEJI CAD

主　　编：赵晓莉　牛丽娜
出版发行：上海交通大学出版社　　地　　址：上海市番禺路 951 号
印　　制：三河市龙大印装有限公司　　经　　销：全国新华书店
开　　本：787mm×1092mm　1/16　　印　　张：10.5
字　　数：203 千字
版　　次：2023 年 2 月第 1 版　　印　　次：2025 年 2 月第 3 次印刷
书　　号：ISBN 978-7-313-28304-7
定　　价：49.60 元

PREFACE 前言

根据党的二十大精神，本教材结合建筑装饰专业特点，将人民至上、自信自立、守正创新、工匠精神、胸怀天下的思想融入知识技能编写中。以真实的室内设计项目为主线，将绘制家居平面设计图贯穿始终，将专业操作技能、室内制图的标准和规范、家国情怀融入案例教学中，理论与实践相结合，使学生通过对实际家装设计绘图问题的分析和解决，不仅掌握 AutoCAD 软件的相关知识，而且养成自主学习、勇于探索、敢于实践的习惯和精益求精、团队协作的职业精神。

编者在从事 AutoCAD 软件教学的过程中发现，如果只讲软件命令，一方面枯燥乏味且难以记忆，不受学生欢迎；另一方面学生即使掌握了很多基础的工具命令，在绘图时也不能灵活运用。究其原因主要是学生学到的知识点和操作命令是碎片化的，没有形成系统的绘图思维，存在重视软件工具的学习而忽视设计思维培养的问题。

本书针对学生的学习特点、兴趣及短板，围绕家居设计实战项目流程，按两条主线进行编制，一条是对 AutoCAD 软件工具的学习，另一条是从量房到平面布置设计的图纸绘制。使学生在掌握 AutoCAD 绘图软件应用的同时，能够完成平面布置图的绘制。平面布置图是室内设计方案中最重要的图纸之一，也是决定项目能否洽谈成功的关键因素之一。全书共设置三个项目，三个项目在难度上层层递进。项目 1 为单项功能区平面布置，涉及 AutoCAD 绘图、修改工具等基本应用，绘制室内空间常用图例，完成单项功能区平面布置；项目 2 为室内初始结构的测量与表达，涉及 AutoCAD 尺寸注释、块等工具，同时学习客户背景信息和户型结构收集及分析，完成室内原始结构的测量和表达；项目 3 为室内空间设计平面布置及输出，涉及 AutoCAD 表格、引线、文字注释等工具，要求掌握室内设计要点，分析客户需求和户型结构，进行室内结构的再设计和平面布置的再优化。

本书遵循“以学生为中心”的教学模式，采用项目导向、任务驱动的教学方法，将真实的设计案例用于教学中，把需要完成的每个任务分为了六步：“任务描述—任务分析—相关知识—任务实施—评估检查—反思改进”，形成学习闭环；并且在每个项目后设置阶段综合实训项目，作为对本项目知识的巩固和拓展。这里特别说明的是在任务实施编写中，编者特意在运用 AutoCAD 表达的步骤中，只做命令提示，旨在通过这一方法促使学生主动思考、探究，反复纠错，最终完成任务，培养学生自主学习、勇于探索、善于实践的能力。

由于编者水平有限，本书中难免存在错漏和不足之处，希望广大师生、同行、专家、读者批评指正。

此外，编者还为广大一线教师提供了服务于本教材的教学资源库，有需要者可致电 13716022670 或发邮件至 261345771@qq.com。

编　者

目录

CONTENTS

项目 1　单项功能区平面布置

◆项目概述

掌握室内平面布置常用图块的识读和绘制，了解图块的成形原理，熟练识读图块，并运用 AutoCAD 软件中的绘图、修改、注释等工具绘制及编辑图块。

◆知识和能力目标

了解卧室平面布置图中常用门窗等建筑结构图例，家具、绿植等装饰图例立面索引、剖切等符号图例的标准画法；掌握绘制过程中所需绘图命令、修改命令及各种辅助工具的使用方法和技巧；熟记并使用各种命令的快捷执行方式绘制和编辑图块。

◆思政目标

培养学生不断学习新知识、掌握新本领、开阔新思路的意识，主动学习、勇于创新的习惯和解决实际问题的能力。

任务 1.1 AutoCAD 2022 软件简介及文件管理

AutoCAD 2022 是由 Autodesk 公司推出的一款专业的二维和三维设计软件。软件广泛应用于机械设计、工业制图、工程制图、土木建筑、装饰装潢、服装加工等领域，随着版本的更新及功能的逐渐强化，软件对安装环境的要求也更高。

1.1.1 任务描述

初识 AutoCAD 2022 软件及文件管理功能。

1.1.2 任务分析

要完成以上任务，需认识 AutoCAD 2022 软件的用户界面，掌握执行命令的方法、鼠标的辅助操作及文件管理的方法。

1.1.3 相关知识

1. AutoCAD 2022 的用户界面

（1）标题栏：显示当前文件的名称，控制文件窗口的“最小化”按钮、“最大化 / 恢复窗口大小”按钮和“关闭”按钮。

（2）主菜单：设置了实现文件的操作命令，包括“新建”“打开”“保存”“打印”等 10 个选项。

（3）快速访问栏：设置了实现文件的“新建”“打开”“保存”“另存为”“在移动设备及网络中打开”“保存到移动设备及网络”“打印”“放弃 / 重做”及 2020 版新增的“共享”9 个选项按钮。

（4）命令选项卡 / 命令面板：通过命令面板，可以直观、快捷地执行常用的操作命令。

（5）绘图区：是一个无限大的绘图窗口，用来绘制和显示图形的区域。

（6）十字光标：是鼠标的位置，在无命令的状态下，十字光标中间的小方块是空心的（见图 1–1），执行命令后，十字光标中间的小方块自动消失。

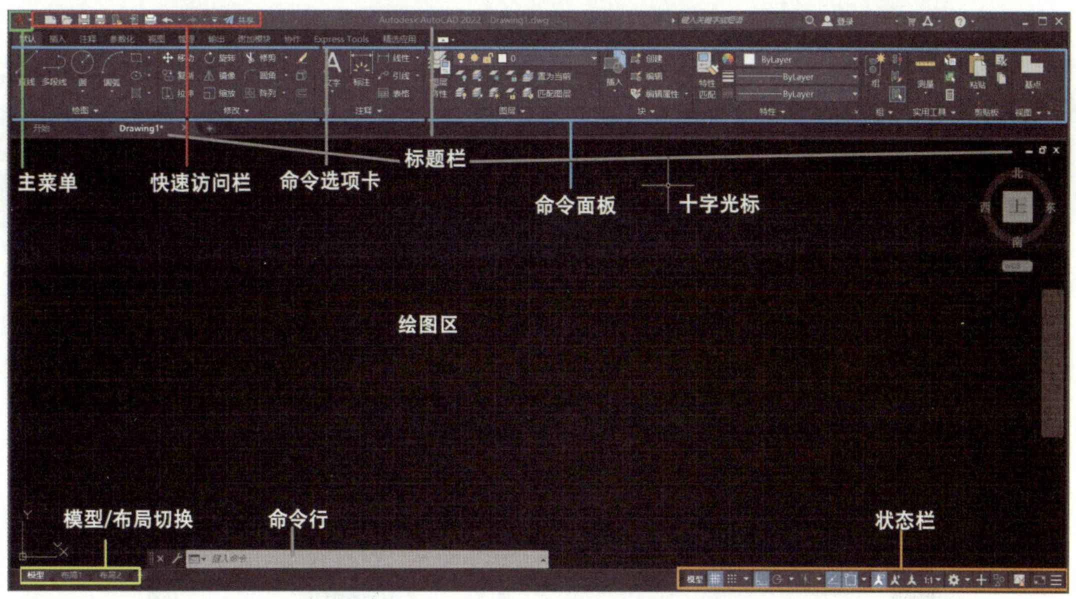

图 1–1 AutoCAD 2022 的用户界面

拓展“选项”面板中的命令：可实现绘图窗口的颜色的选择及十字光标大小的调整。

绘图窗口的颜色的改变：在“选项（OP）”面板中选择“显示”选项，再在“颜色（C）”中选择“黑”，确认按“应用并关闭”按钮即可。

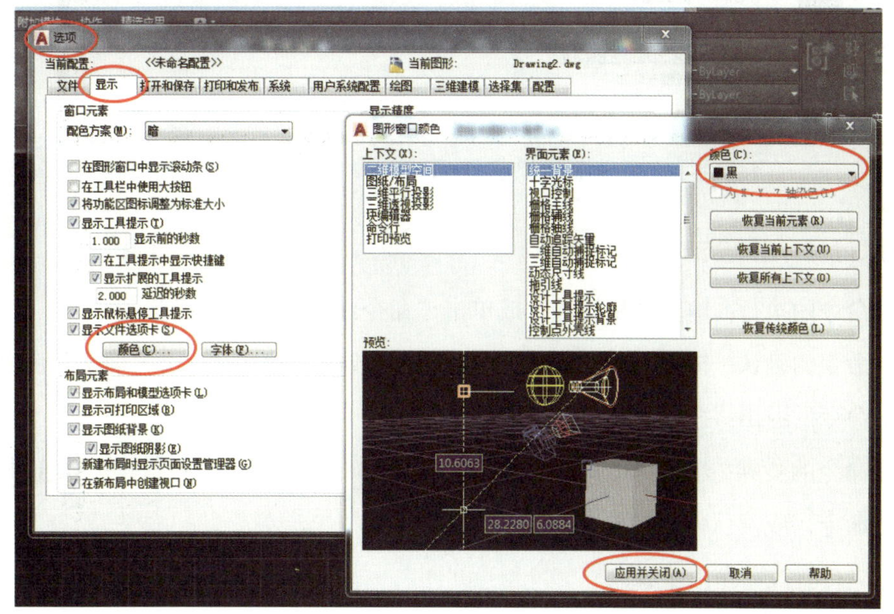

图 1–2 选项面板中设置绘图界面背景颜色

十字光标大小的调整：在“选项（OP）”面板中选择“显示”栏，“十字光标大小”的默认值为 5（见图 1–3），当十字光标值调至 100 时，光标将充满绘图区，可以起到绘图参照的作用。

（7）模型 / 布局切换：模型空间主要用于图形的绘制，布局空间主要用于图纸的布局和打印。

（8）命令行：是用户和系统的对话框，可执行所用命令操作步骤的记录。

（9）状态栏：设置有“正交模式”“对象捕捉”“栅格”等辅助功能按钮，用于显示坐标、提示信息等。

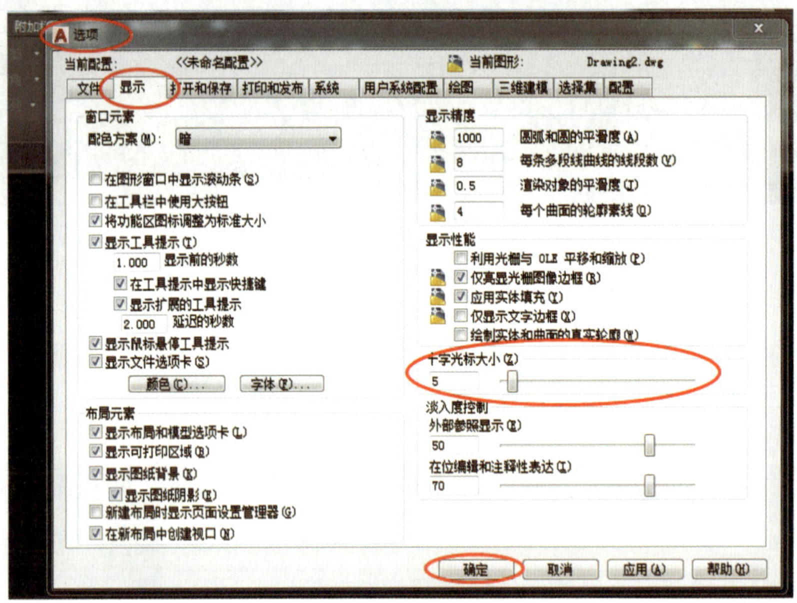

图 1–3　选项面板中设置十字光标大小

2. 执行命令的方法

（1）命令的执行：输入“快捷键”或单击“命令面板”中的图标。

（2）命令的确认：按“回车”键、“空格”键，或以鼠标右键点击“确认”命令。

（3）命令的退出：按“ESC”键可使命令退出。

执行命令的步骤：输入命令→确认命令→执行命令，根据命令执行提示操作并及时确认→退出命令，或确认。

如：执行直线命令的步骤：

输入“L”或单击“ ”按钮，确认（按“回车”键或“空格”键）。

——“指定第一个点”，“指定下一点”，“指定下一点”……（或选择执行“闭合”命令，输入“C”并及时确认，按“回车”键或“空格”键），如图 1–4 所示。

——退出命令（按“ESC”键），或确认（按“回车”或“空格”键）。

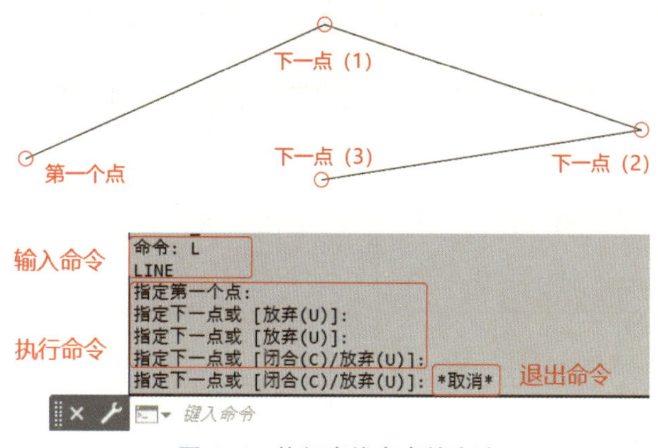

图 1–4 执行直线命令的方法

3. 鼠标的辅助操作

鼠标按住滚轮：移动界面时按住滚轮不松手，当鼠标图形变成一只小手时，可实现视图平移；向上滑动滚轮，可实现视图放大；向下滑动滚轮，可实现视图缩小。

鼠标左键：拾取对象；双击鼠标左键弹出对象特性修改对话框。

鼠标右键：快捷菜单或回车键功能。在无命令状态下，按鼠标右键（右击）弹出快捷菜单；在执行命令状态下，右击实现回车键功能（见图 1–5）。

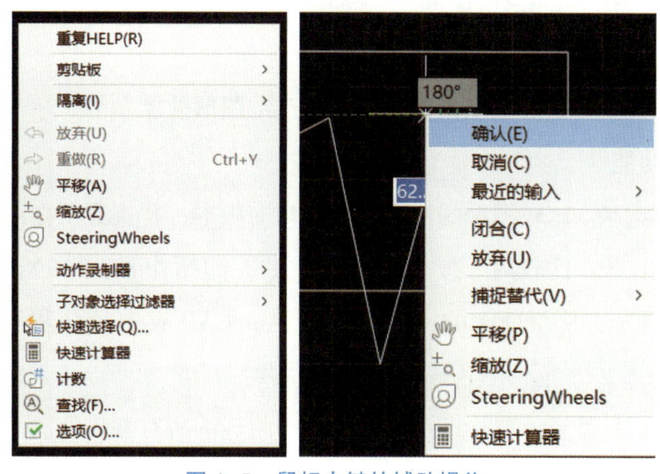

图 1–5 鼠标右键的辅助操作

4. 文件管理

表 1–1 所示为文件管理的执行方式。

表 1-1　文件管理执行方式

文件管理项目	快捷键	执行"主菜单"命令	单击快速访问工具栏
新建文件	Ctrl+N	新建	
打开文件	Ctrl+O	打开	
保存文件	Ctrl+S	保存	
另存为文件	Ctrl+Shift+S	另存为	
打印文件	Ctrl+P	打印	
关闭当前文件	Ctrl+F4	关闭	

5. AutoCAD 2022 新增功能及最新增强功能

1）新增功能

（1）跟踪：安全地查看并直接将反馈添加到 DWG 文件，无须更改现有工程图。

（2）计数：执行 COUNT 命令自动计算块或几何图元。

（3）共享：将图形的受控副本发送给团队成员和同事，可随时随地进行访问。

（4）推送到 Autodesk Docs：将 CAD 图形作为 PDF 从 AutoCAD 推送到 Autodesk Docs。

（5）浮动窗口：在 AutoCAD 的同一实例中，移开图形窗口以并排显示或在多个显示器上显示。

（6）性能增强：体验更快性能，包括绘制和三维图形性能。

2）最新增强功能

（1）图形历史记录：比较图形的过去版本和当前版本，并查看工作演变情况。

（2）外部参照比较：比较两个版本的 DWG 文件，包括外部参照（Xref）。

（3）"块"选项板：从桌面上的 AutoCAD 或 AutoCAD Web 应用程序中查看和访问块内容。

（4）快速测量：只需悬停鼠标即可显示图形中附近的所有测量值。

（5）云存储连接：利用 Autodesk 云和一流云存储服务提供商的服务，可在 AutoCAD 中访问任何 DWG 文件。

（6）随时随地使用 AutoCAD：通过使用 AutoCAD Web 应用程序的浏览器或通过 AutoCAD 移动应用程序创建、编辑和查看 CAD 图形。

1.1.4 任务实施效果评价及反思改进

表 1–2 所示为任务实施效果及反思改进报告单。

表 1–2 任务实施效果评价及反思改进报告单

<table>
<tr><td>项目名称</td><td colspan="4">单项功能区平面布置</td></tr>
<tr><td>学习任务</td><td colspan="4"></td></tr>
<tr><td rowspan="4">任务实施</td><td>序号</td><td>典型工作环节</td><td>实施效果</td><td>评价</td></tr>
<tr><td>1</td><td></td><td></td><td></td></tr>
<tr><td>2</td><td></td><td></td><td></td></tr>
<tr><td>3</td><td></td><td></td><td></td></tr>
<tr><td>反思改进</td><td colspan="4"></td></tr>
</table>

任务 1.2 卧室平面布置图

卧室是人们休息睡眠的场所，根据卧室中不同使用功能的需求，可将卧室空间分为睡眠区、更衣区、化妆区、休闲区、读写区和卫生区。在布置卧室时应优先考虑其私密性和隔音性。

随着社会发展和个性化需求的增多，卧室功能也日渐多样化，已不仅是睡觉的场所，而且具有了如书房、影音间、健身房等的功能性，这对设计提出了更高的要求。

1.2.1 任务描述

图 1–6 所示为卧室布置平面图。

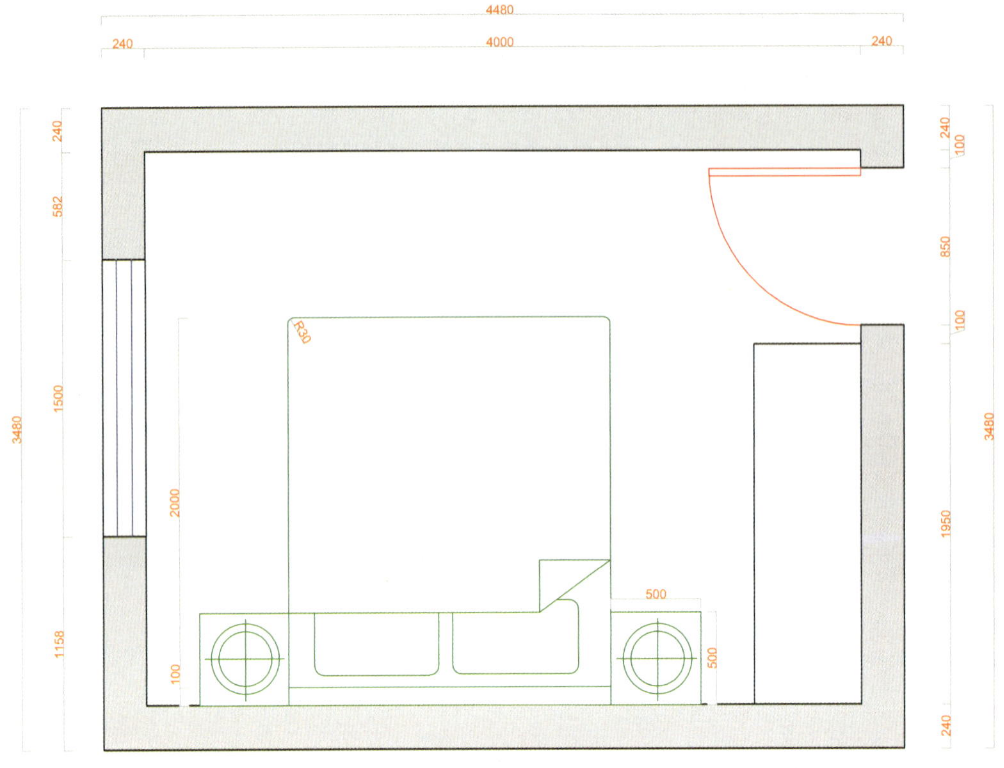

图 1-6　卧室布置平面图　　　　单位：mm

任务：

（1）绘制卧室户型。

（2）绘制门、窗；绘制床、床头柜。

（3）完成卧室的平面布置。

1.2.2 任务分析

要完成上述工作任务，需在了解 AutoCAD 软件应用的基础上，学会使用绘图工具绘制直线、多段线、圆；修改工具：修剪 / 延伸、偏移、圆角。

1.2.3 相关知识

1. 识读门、窗图例

1）门的图例

门是住宅内部重要的构件，在绘制室内施工图时，需要掌握各种不同类型和规格的门的画法。家居空间中常用到平开门、双开门、子母门，推拉门、折叠门等，室内门洞的常见尺寸如下：基本高分别度为 2100 mm、2400 mm、2700 mm、3000 mm，基本宽度有 800 mm、1000 mm、1500 mm、1800 mm、2100 mm、2700 mm、3000 mm、3300 mm、3600 mm。图 1–7 所示为推拉门和双开门的安装方式图例。

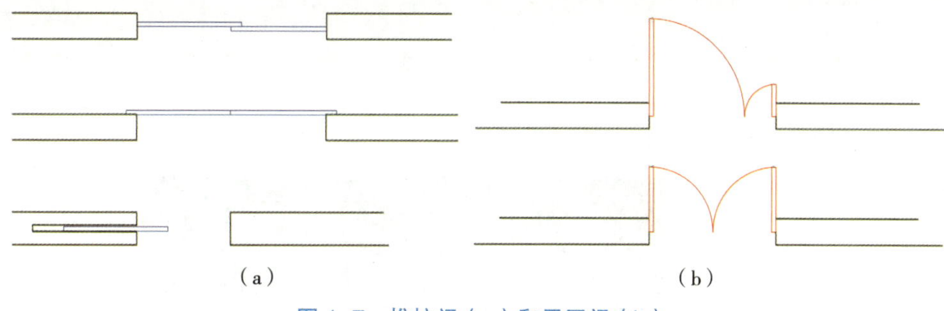

图 1–7 推拉门（a）和平开门（b）

2）窗的图例

窗户的种类很多，有固定窗、平开窗、上旋窗、中旋窗、下滑旋窗、立转窗、下旋窗、垂直推拉窗、水平推拉窗和下旋平开窗等。但是在施工图例上的表示均为由四根线构成（里外两根表示窗台、中间两根表示窗框）。图 1–8 所示分别为普通窗户、三面窗户和两面窗户的飘窗。

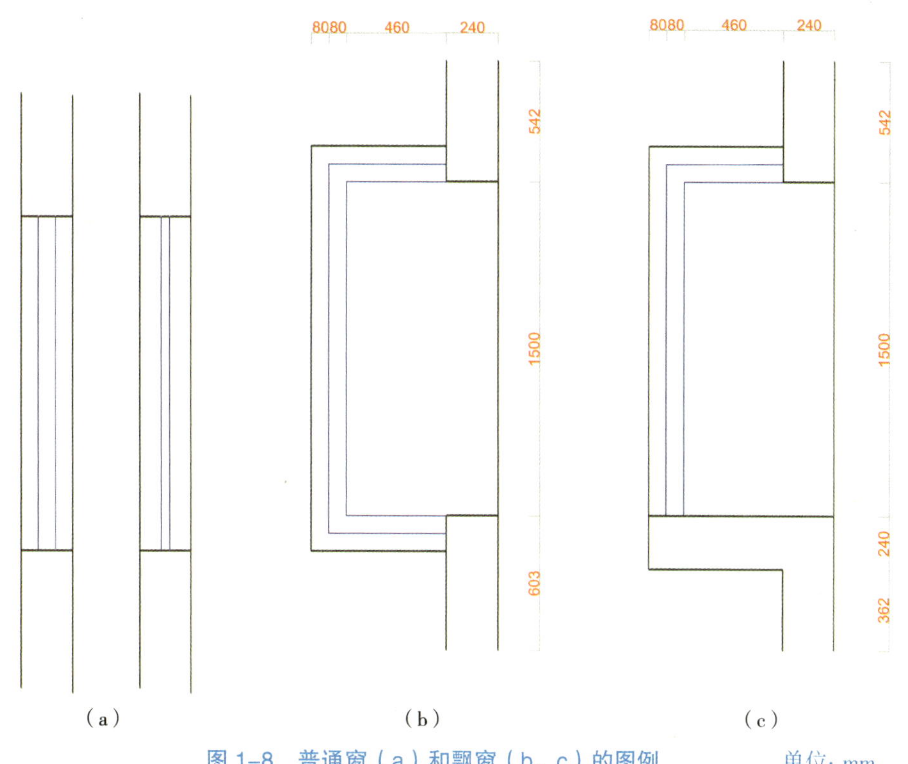

图 1–8 普通窗（a）和飘窗（b，c）的图例 单位：mm

2. 卧室图例的所用命令

1）绘图工具

绘图工具：直线（L）、多段线（PL）、圆（C）命令，具体执行步骤如表 1-3 所示。

表 1-3　直线、多段线、圆执行步骤

执行方式	快捷键	
	单击“绘图”命令面板，选择命令选项	
快捷键	命令操作步骤	图示及其他选项说明
直线（L）	命令：L LINE 指定第一个点： 指定下一点或 [放弃（U）]： 指定下一点或 [放弃（U）]： 指定下一点或 [闭合（C）/ 放弃（U）]： 指定下一点或 [闭合（C）/ 放弃（U）]：	闭合（C）：连续绘制两条直线，完成第三条时，执行“C”命令可闭合 放弃（U）：放弃上一步操作
多段线（PL）	命令：PL PLINE 指定起点： 当前线宽为 0.0000 指定下一个点或 [圆弧（A）/ 半宽（H）/ 长度（L）/ 放弃（U）/ 宽度（W）]： 指定下一点或 [圆弧（A）/ 闭合（C）/ 半宽（H）/ 长度（L）/ 放弃（U）/ 宽度（W）]： 指定下一点或 [圆弧（A）/ 闭合（C）/ 半宽（H）/ 长度（L）/ 放弃（U）/ 宽度（W）]：A 指定圆弧的端点（按住 Ctrl 键以切换方向）或 [角度（A）/ 圆心（CE）/ 闭合（CL）/ 方向（D）/ 半宽（H）/ 直线（L）/ 半径（R）/ 第二个点（S）/ 放弃（U）/ 宽度（W）]： 指定圆弧的端点（按住 Ctrl 键以切换方向）或 [角度（A）/ 圆心（CE）/ 闭合（CL）/ 方向（D）/ 半宽（H）/ 直线（L）/ 半径（R）/ 第二个点（S）/ 放弃（U）/ 宽度（W）]：	多段线不仅能绘制直线和有弧度的曲线，而且还能使其形成一个整体。 圆弧（A）：可绘制圆弧 半宽（H）：可绘制有一定宽度的多段线 长度（L）：指定直线的长度 放弃（U）：放弃上一步操作 宽度（W）：可绘制有一定宽度的多段线

续表

圆（C）	命令：C CIRCLE 指定圆的圆心或 [三点（3P）/ 两点（2P）/ 切点、切点、半径（T）]： 指定圆的半径或 [直径（D）] <75.3704>： 命令：CIRCLE 指定圆的圆心或 [三点（3P）/ 两点（2P）/ 切点、切点、半径（T）]： 指定圆的半径或 [直径（D）] <66.3254>：	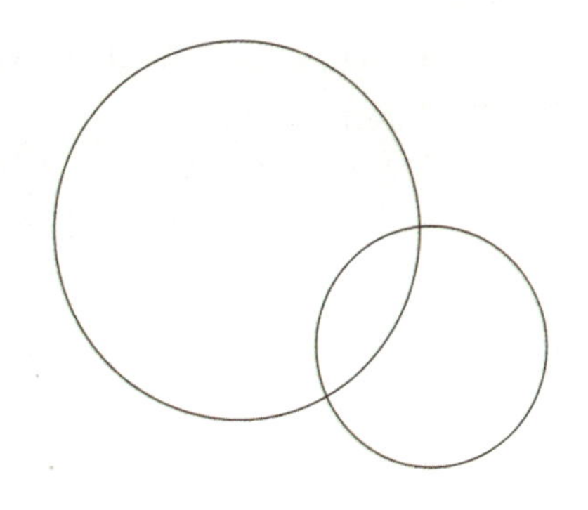 三点（3P）：选择圆上的三点进行画圆 两点（2P）：以圆的直径画圆 切点、切点、半径（T）：以“相切、相切、半径”的方式画圆

2）修改工具

修改工具：修剪 / 延伸（TR/EX）、偏移（O）、圆角（F）命令，具体执行步骤如表 1–4 所示。

表 1–4　“修剪 / 延伸”“偏移”“圆角”命令的执行步骤

执行方式	快捷键	
	单击“修改”命令面板，选择命令选项	
修剪（TR） 修剪（TR）的对象须是两个以上，并相交 * 取消 * 执行的是退出命令“ESC”	命令：TR TRIM 当前设置：投影 =UCS，边 = 无，模式 = 快速 选择要修剪的对象，或按住 Shift 键选择要延伸的对象或 [剪切边（T）/ 窗交（C）/ 模式（O）/ 投影（P）/ 删除（R）]： 选择要修剪的对象，或按住 Shift 键选择要延伸的对象或 * 取消 *	栏选（F）：以两点确定的线，所经过之处被修剪 窗交（C）：以两个对角点确定矩形区域，所经过之处被修剪 按住 Shift 键可执行与“延伸（EX）”命令的转换

续表

延伸（EX） ＊取消＊执行的是退出命令“ESC”	命令: EX EXTEND 当前设置: 投影 =UCS，边 = 无，模式 = 快速 选择要延伸的对象，或按住 Shift 键选择要修剪的对象或 [边界边（B）/ 窗交（C）/ 模式（O）/ 投影（P）]： 选择要延伸的对象，或按住 Shift 键选择要修剪的对象或 [边界边（B）/ 窗交（C）/ 模式（O）/ 投影（P）/ 放弃（U）]：＊取消＊	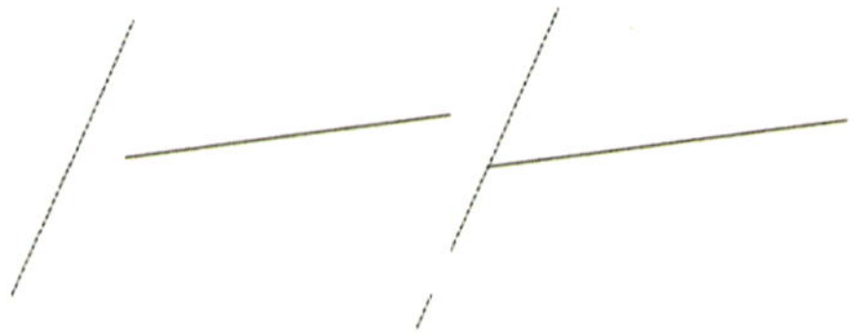 栏选（F）：以两点确定的线，所经过之处可延伸 窗交（C）：以两个对角点确定的矩形区域，所经过之处可延伸 按住 Shift 键可执行与“修剪（TR）”命令的转换
偏移（O） ＊取消＊执行的是退出命令“ESC”	命令: O OFFSET 当前设置: 删除源 = 否　图层 = 源　OFFSETGAPTYPE=0 指定偏移距离或 [通过（T）/ 删除（E）/ 图层（L）]< 通过 >：100 选择要偏移的对象，或 [退出（E）/ 放弃（U）]< 退出 > 指定要偏移的那一侧上的点，或 [退出（E）/ 多个（M）/ 放弃（U）]< 退出 > 选择要偏移的对象，或 [退出（E）/ 放弃（U）]< 退出 >：＊取消＊	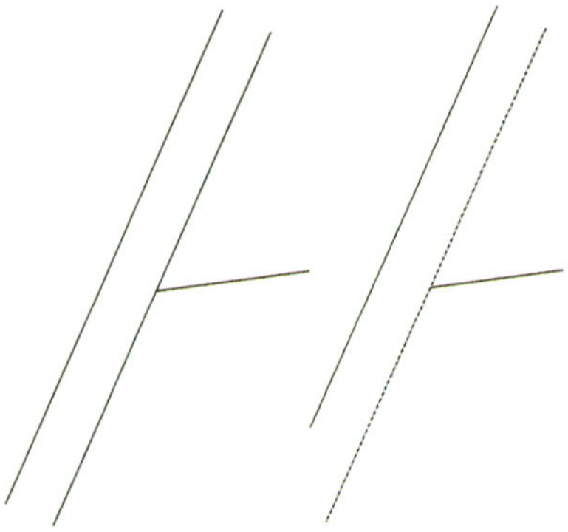 通过（T）：偏移后的对象，通过所选的点 删除（E）：偏移后是否要删除源对象 多个（M）：可依次执行多次偏移
圆角（F） （倒角 CAH） R=0 时，F 实现尖角补充与修剪	命令: F FILLET 当前设置: 模式 = 修剪，半径 = 0.0000 选择第一个对象或 [放弃（U）/ 多段线（P）/ 半径（R）/ 修剪（T）/ 多个（M）]：r 指定圆角半径 <0.0000>：100 选择第一个对象或 [放弃（U）/ 多段线（P）/ 半径（R）/ 修剪（T）/ 多个（M）]： 选择第二个对象，或按住 Shift 键选择对象以应用角点或 [半径（R）]：	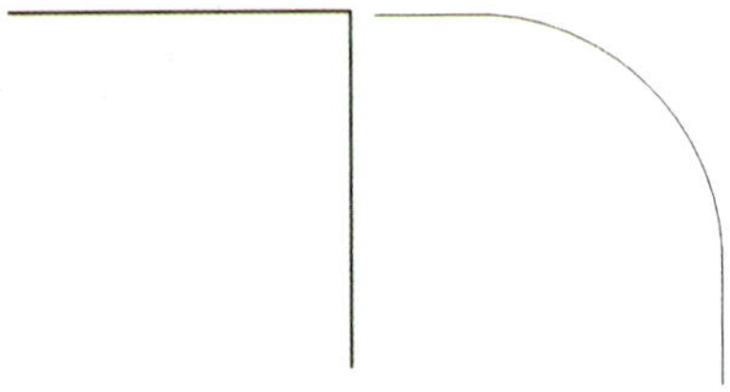 放弃（U）：放弃正在进行的操作 多段线（P）：用于多段线的多个角同时进行圆角操作 半径（R）：设置圆角的半径 修剪（T）：可选择修剪或不修剪，该选项用在执行“圆角”命令的同时，决定原来的边是修剪或者不修剪 多个（M）：可进行多个对象“圆角”的操作

特别提示： 当对象为两条平行线时，执行“F”命令，会完成直径为两条线间距的半圆的绘制。

两条平行线执行“圆角”命令的效果图，如图 1-9 所示。

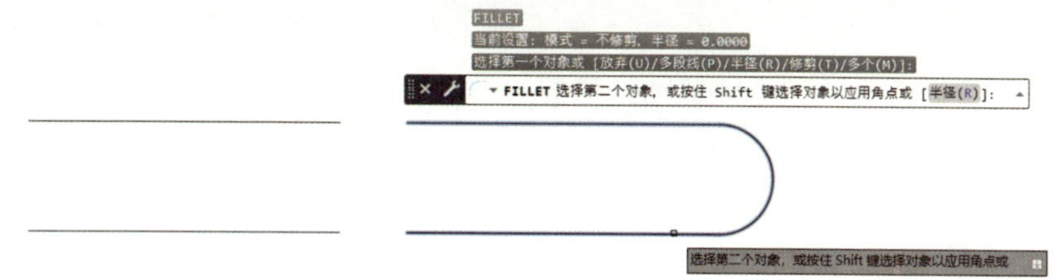

图 1-9　两条平行线执行“圆角”命令的效果

3）特性

图 1-10 所示为命令面板目录。

图 1-10　命令面板目录

（1）执行方式：快捷键“PR/ Ctrl+1”；

单击“特性”命令面板，选择命令项。

（2）对象的特性是指 CAD 图形的基本特性、几何特性及其他特征等，“特性”面板（见图 1-11）可以针对对象的线色、线宽、线型等参数进行设置。

“特性”窗口（见图 1-12）由标题栏、工具栏和特性窗口三部分组成，系统默认“常规”“三维效果”“打印样式”“视图”和“其他”5 个选项，分别用于设置和修改所选对象的各种特性。

图 1-11　“特性”命令面板

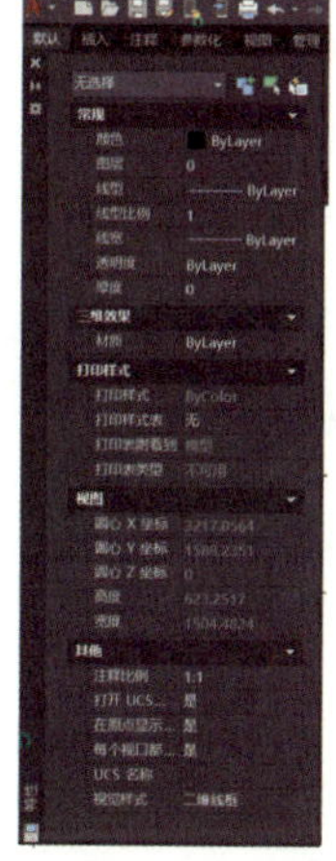

图 1-12　“特性”窗口

（3）图 1–13 所示为窗帘图例；窗帘线的特性设置如表 1–5 所示。

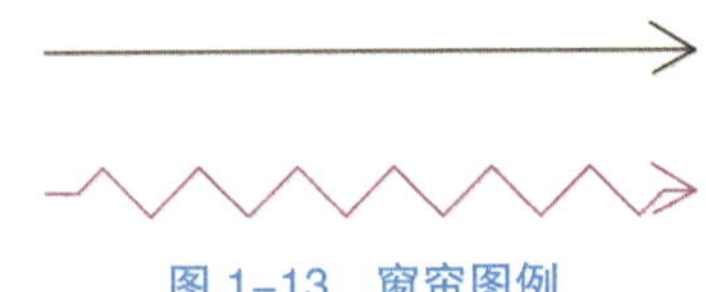

图 1–13 窗帘图例

表 1–5 窗帘线的特性设置

序号	操作步骤	图示
1	命令：直线（L） 操作：完成窗帘线的雏形。	
2	在线型下拉菜单中，选择“其他”选项 弹出“线型管理器” 选择“加载”选项	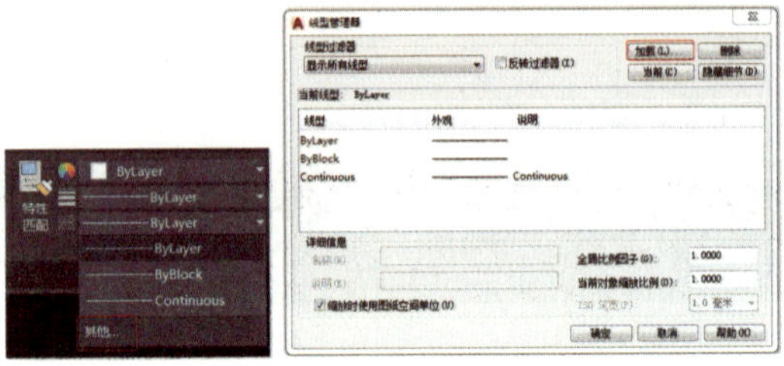
3	弹出“加载或重载线型”，选择“ZIGZAG”线型，单击“确定”按钮，完成线型的加载	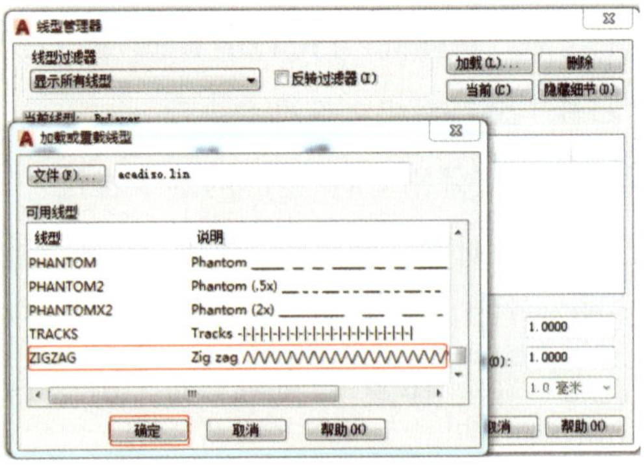
4	返回“线型管理器”中， 1. 选择已加载的“ZIGZAG”线型 2. 设置全局比例因子（一般设置为 5–10）， 3. 单击“确定”按钮，完成新线型的设置 全局比例因子：是指线型占空比例。线型比例与绘图比例相匹配，才能显示线形，通常在 5~10 左右范围调整。	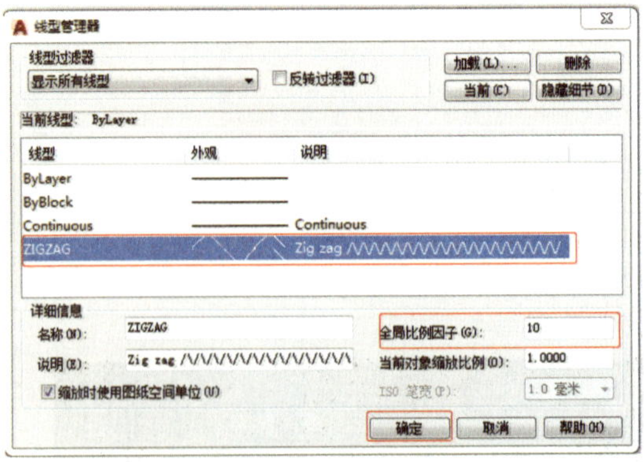

续表

序号	操作步骤	图示
5	1. 选择步骤一中绘制的窗帘线 2. 根据要求，在“特性”项中对窗帘线进行参数设置：线色（选择紫色）、线型（选择 ZIGZAG）	

1.2.4 任务实施

1. 绘制卧室户型

图 1-14 所示为卧室户型。

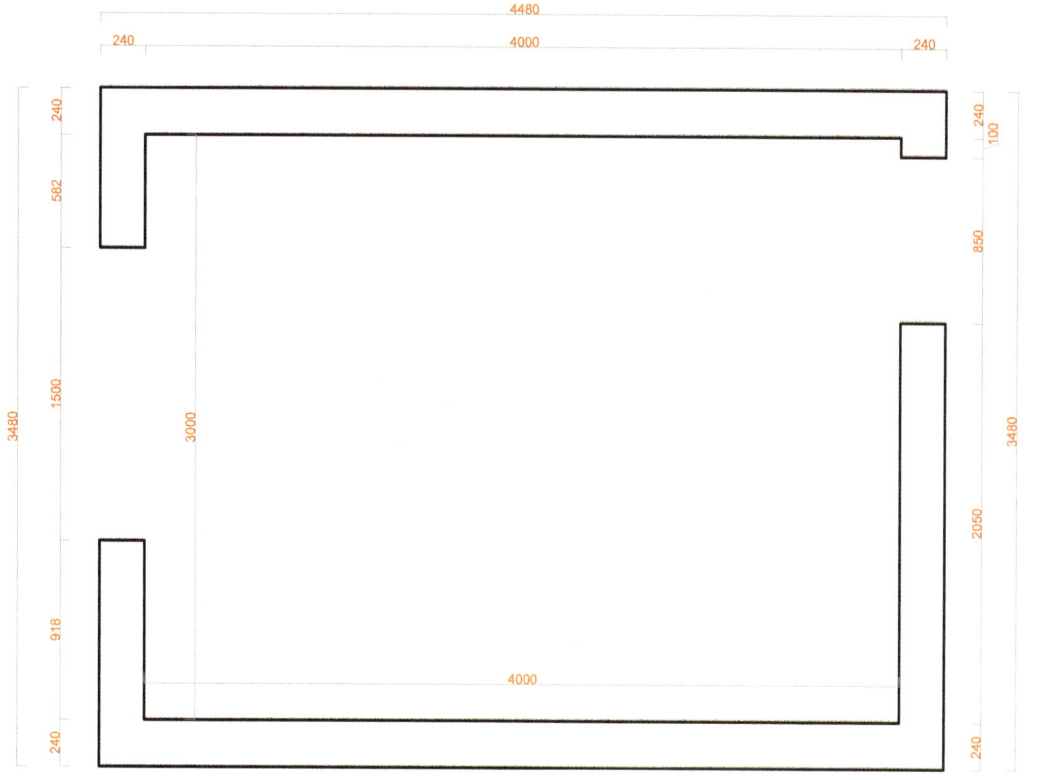

图 1-14　卧室户型图　　单位：mm

图形分析：内墙为 3000 mm × 4000 mm，墙厚为 240 mm 的卧室户型。

具体绘制步骤见表 1-6。

表 1-6　卧室户型绘制步骤

序号	操作步骤	图示
1	绘制墙体： 命令：多段线 PL 操作：完成 3000 mm × 4000 mm 矩形框 命令：偏移（O） 操作：向外偏移 240 mm	
2	开门、窗洞： 命令：直线（L） 操作：完成辅助线 1 完成辅助线 2 命令：修剪（TR） + 删除 DELETE 操作：选择修剪门、窗处多余线条，不能参与修剪的其余线条删除即可	

2. 绘制门、窗

图形分析：单扇平开门图块，由一个长为 850 mm、宽为 50 mm 的矩形和 1/4 圆组成。矩形的长度代表门洞的长度，在制作图块的时候，为了方便计算比例，通常按照 900 mm 的长度来绘制。

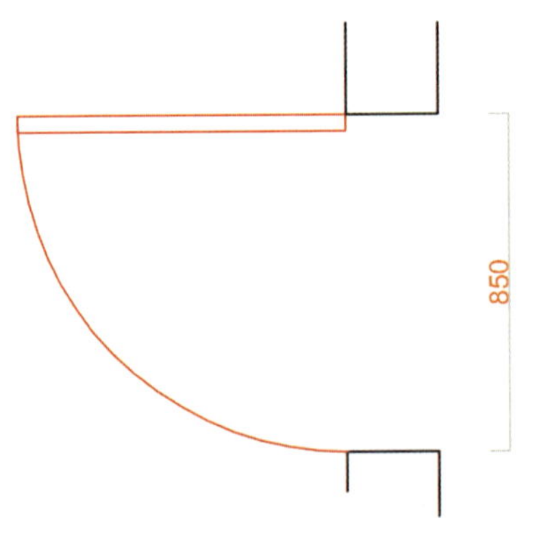

图 1-15　平开门图例　　单位：mm

绘制步骤见表 1–7。

表 1–7 平开门绘制步骤

序号	操作步骤	图示
1	绘制门： 命令：直线（L） 操作：用直线完成 50 mm × 850 mm 红色矩形框 执行命令前，单击“特性”面板→选择红色	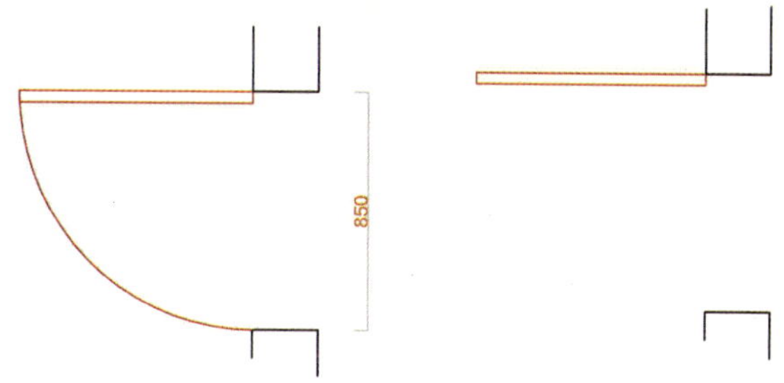 850
2	绘制门的轨迹： 命令：圆（C） 操作：以门和墙的接触点为圆心，完成半径为 850 mm 的圆 执行命令前，单击“特性”面板→选择红色 命令：修剪（TR） 操作：执行“修剪”命令，修剪 3/4 的圆	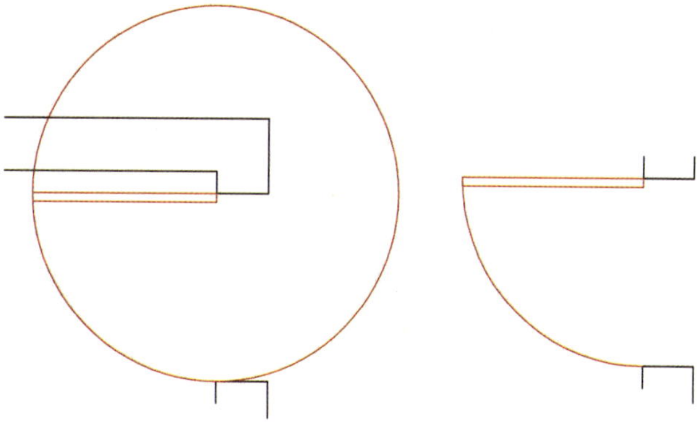

图形分析：平面窗户由一个矩形和两条横线组成，可以用“直线（L）”+“偏移（O）”命令来绘制，在绘制窗户里面的直线时，确定直线的位置是关键。由于建筑的墙体厚度有不同的尺寸，安装在外墙上的窗户，宽度可以按照 360 mm 来绘制，安装在内墙上的窗户，可以按照 240 mm 来绘制。

图 1–16 所示为普通窗户图例，表 1–8 所示为普通窗户图绘制步骤。

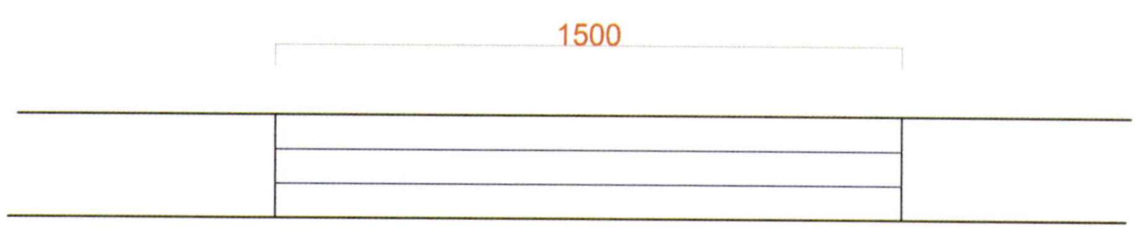

图 1–16 普通窗图例 单位：mm

表 1-8 普通窗户图绘制步骤

序号	操作步骤	图示
1	绘制内外窗台： 命令：直线（L）	
2	绘制窗户框： 命令：偏移（O） 操作：偏移间距为 80mm 的窗户框 单击“特性”面板，修改线色为蓝色	

3. 绘制床、床头柜、衣柜

图形分析：双人床为 1800 mm × 2100 mm 矩形框，其中包括 100 mm 厚的床头造型，床尾做倒圆角处理；枕头尺寸为 700 mm × 400 mm 矩形框并做倒圆角处理；床头柜尺寸为 500 mm × 500 mm，放置有圆环套圆环表达的台灯图例。可以选择“直线（L）”+“偏移（O）”+“圆（C）”命令来绘制。图 1-17 所示为卧室常用家具的尺寸。

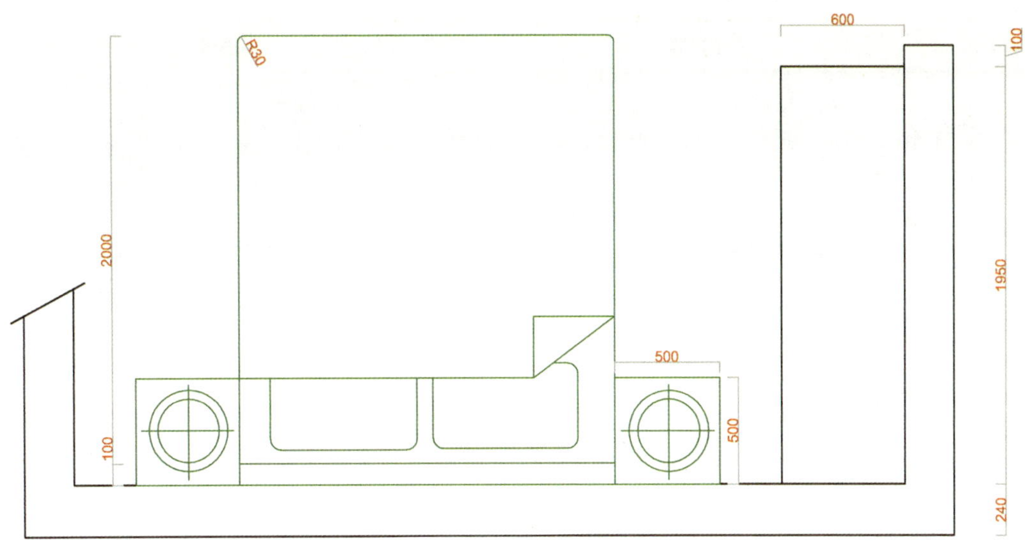

图 1–17　卧室中常用家具尺寸　　单位：mm

注：执行命令前，单击“特性”面板，再选择绿色。

表 1–9 为卧室布置具体步骤。

表 1–9　卧室布置步骤

序号	操作步骤	图示
1	绘制床 + 床头： 命令：直线（L）+ 圆角（F） 操作：执行“L”命令，绘制 100 mm × 1800 mm 的床头造型，围合 2000 mm × 1800 mm 的床体，并执行半径为 50 mm 的“圆角”命令予以处理	
2	绘制枕头 1、被角： 命令：直线（L）+ 圆角（F） 操作：执行“L”命令，绘制被子及被角 L 围合 700 mm × 400 mm 的枕头，并执行半径为 60mm“圆角”的命令处理	
3	绘制床头柜 1 命令：直线（L）+ 圆（C） 操作：执行“L”命令，围合 500 mm × 500 mm 的床头柜；执行“C”命令，绘制台灯图例	

续表

序号	操作步骤	图示
4	绘制枕头 2+ 床头柜 2 命令：镜像（MI） 操作：执行以床的中心线为镜像线的“MI”命令，实现床头柜和枕头的对称布置	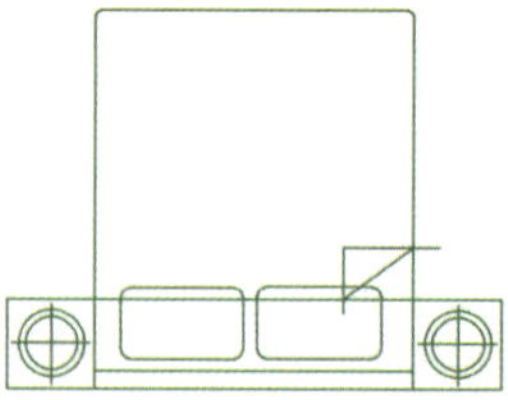
5	绘制衣柜 命令：直线（L） 操作：执行“L”命令，绘制深为 600 mm 的衣柜，因所在的墙面上可能安装卧室照明开关面板，需预留 100 mm 后再布满墙面	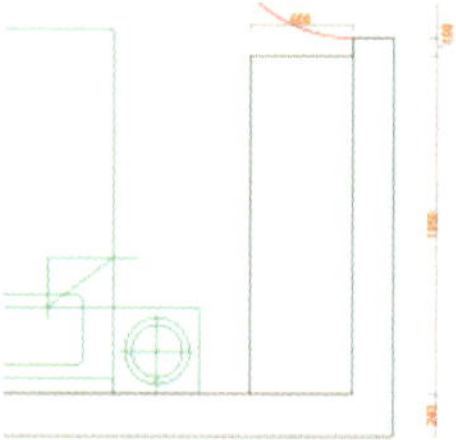
6	完善图块 命令：修剪（TR） 操作：执行“TR”命令，选择“修剪”选项，修剪多余的被角和枕头的线条部分	

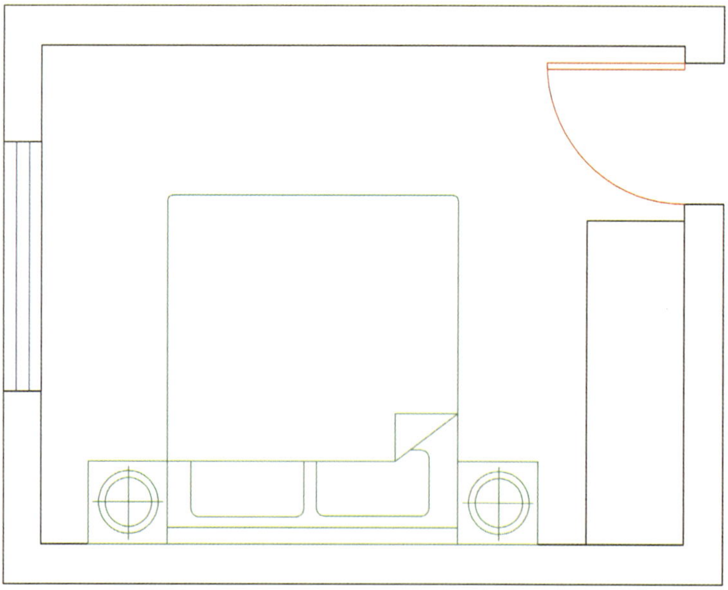

1.2.5 举一反三：卧室布置再探索

图 1–18 和表 1–10 所示分别为卧室榻榻米布置图和榻榻米绘制步骤。

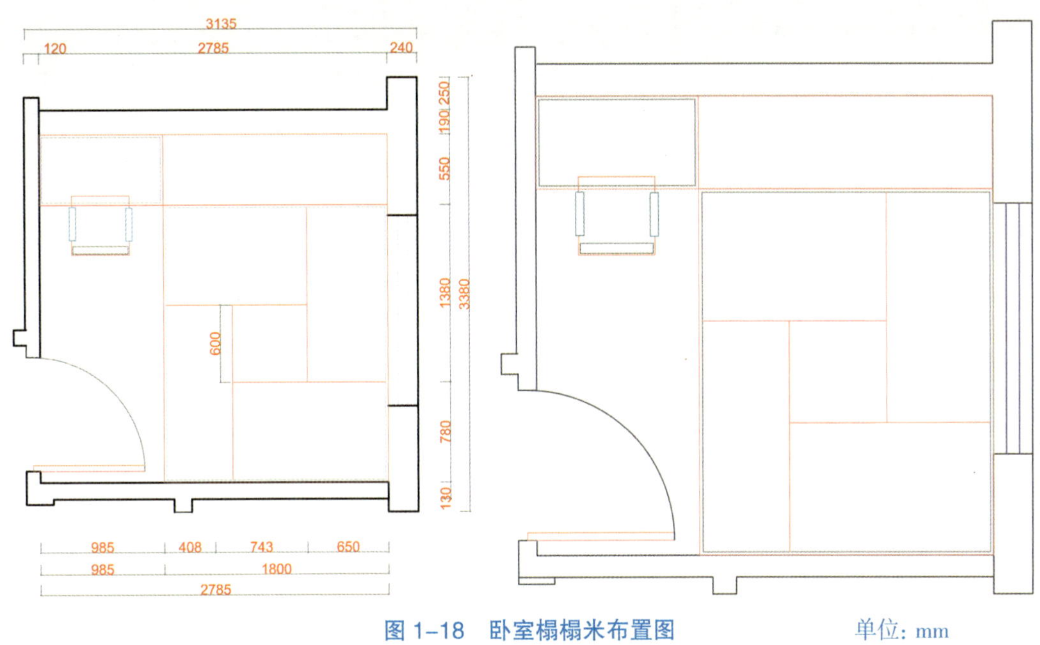

图 1–18　卧室榻榻米布置图　　单位：mm

表 1–10　卧室榻榻米绘制步骤

图例	榻榻米 + 衣柜 + 书桌	
图形分析	卧室布置：由 2160 mm × 1800 mm 的榻榻米 +550 mm × 1800 mm 的衣柜及 550 mm × 985 mm 的书桌组成 命令：直线（L）+ 圆（C）+ 偏移（O）+ 修剪（TR）	
序号	简要步骤	图示
1	1. 执行“直线（L）”命令，绘制内墙为 2785 mm × 2215 mm 卧室区 2. 执行“直线（L）”绘制长为 1500 mm 的窗户； 3. 执行“直线（L）”+“圆（C）”+“修剪（TR）”的命令，绘制宽为 850 mm 门	

续表

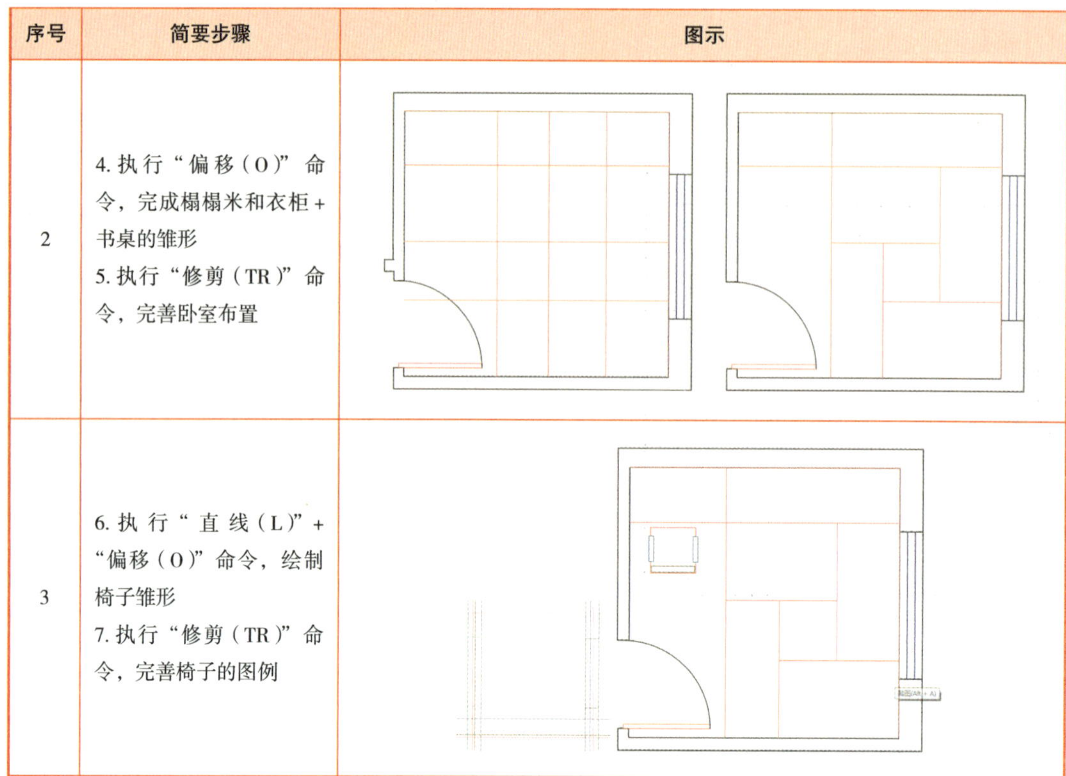

序号	简要步骤	图示
2	4. 执行“偏移（O）”命令，完成榻榻米和衣柜 + 书桌的雏形 5. 执行“修剪（TR）”命令，完善卧室布置	
3	6. 执行“直线（L）”+“偏移（O）”命令，绘制椅子雏形 7. 执行“修剪（TR）”命令，完善椅子的图例	

1.2.6 任务实施效果评价及反思改进

表 1–11 所示为任务实施效果评价及反思改进报告单。

表 1–11 任务实施效果评价及反思改进报告单

项目名称	单项功能区平面布置			
学习任务				
任务实施	序号	典型工作环节	实施效果	评价
	1			
	2			
	3			
反思改进				

任务 1.3 餐厅、客厅功能区平面布置图

餐厅根据位置不同，可分为独立式餐厅、厨房中的餐厅和客厅中的餐厅三种。

（1）独立式餐厅。这种形式是最为理想的，常见于较为宽敞的住宅，有独立的房间作为餐厅，面积较为宽余。

（2）厨房中的餐厅。厨房与餐厅在同一个空间，在功能上是前后相连贯的，就餐时上菜快速、简便，能充分利用空间，较为实用。

（3）客厅中的餐厅。在客厅内设置餐厅，餐客一体。用餐区的位置以厨房相邻最为适当。

1.3.1 任务描述

图 1-19 所示为餐厅和客厅的平面布置图。

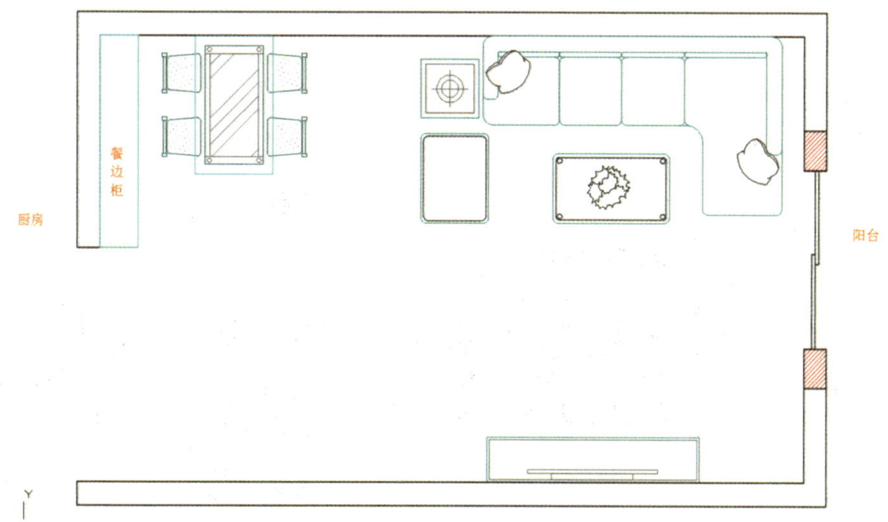

图 1-19 餐厅和客厅的平面布置图

任务：

（1）绘制餐厅、客厅户型；

（2）绘制沙发组合；

（3）绘制餐桌组合；

（4）完成餐、客厅的平面布置。

1.3.2 任务分析

以上是餐客一体的功能区布置图，要完成上述工作任务，须掌握 AutoCAD 软件中的绘图工具：矩形（REC）/ 多边形（POL）、填充（H）；修改工具：镜像（MI）、拉伸（S）、复制（CO）、移动（M）、旋转（RO）的基础上，分步完成餐桌组合和沙发组合。绘制大件家具时，应综合考虑绘图的步骤，先整体后局部，先轮廓后细节。

1.3.3 相关知识

1. 识读餐厅和客厅常用图例

客厅家具一般包括沙发、茶几、电视柜等，沙发一般由 1、2、3 位，或者 1、3、1 位围合而成一个 U 型区域。餐厅区家具一般包括餐桌组合、餐边柜、冰箱，大部分外形呈矩形框。在制图时，为丰富图例的立体感，可运用各种绘图、修改工具在细节上再进行修饰。因居住者要求不同，餐厅的布置也有所不同，可设有吧台区，也可将餐区和办公区结合等。

图 1-20 所示为在相同的空间里“客厅 + 餐厅”4 种不同的平面布置方案。客厅因面积较大，进行了二次分割，被赋予其新的空间属性；而餐厅设计也可根据客户的不同要求（比如，储物、动线、就餐环境等）进行多种尝试。

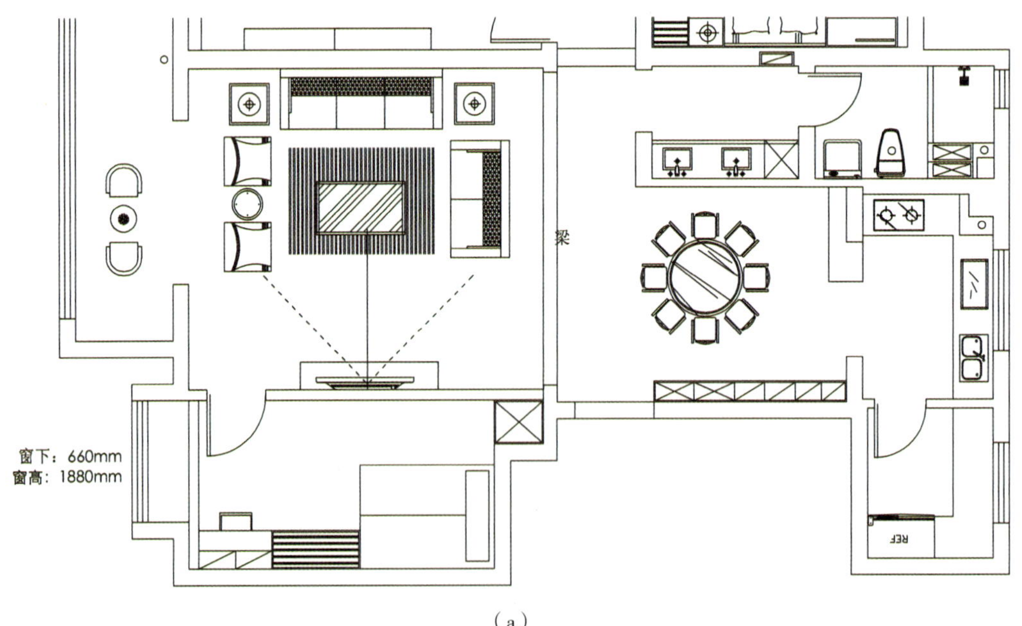

（a）

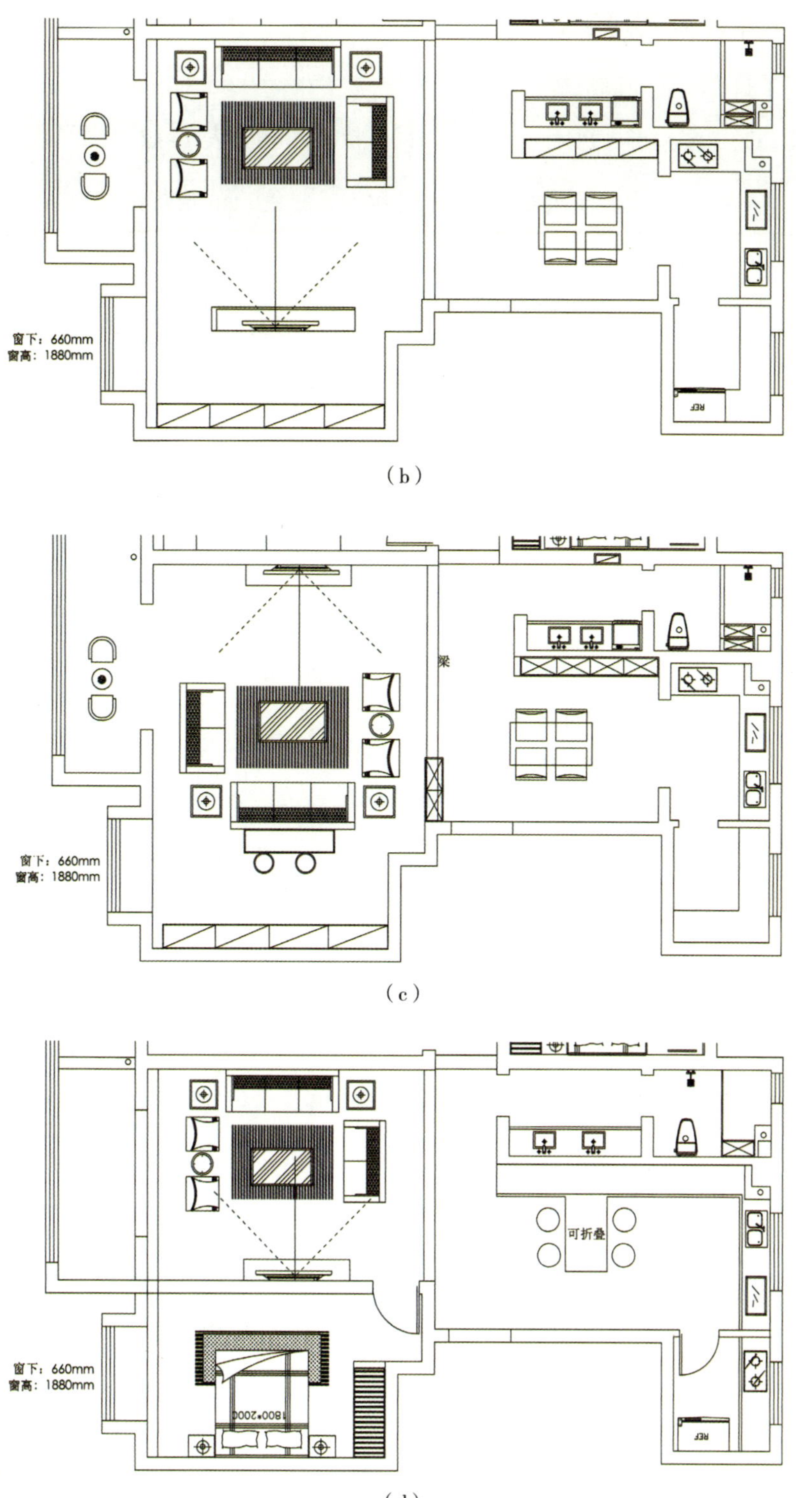

图 1-20　餐厅和客厅一体布置图

2. 餐厅和客厅图例所用命令

1）绘图工具

矩形（REC）/ 多边形（POL）、填充（H），执行步骤见表 1–12。

表 1–12　矩形（REC）/ 多边形（POL）、填充（H）命令执行步骤

<table>
<tr><td rowspan="2">执行方式</td><td colspan="2">快捷键</td></tr>
<tr><td colspan="2">单击“绘图”命令面板，选择命令选项</td></tr>
<tr><td rowspan="2">矩形（REC）

绘制的矩形为一个整体图形，在执行偏移等命令时，会整体进行，如果要进行其中某一边的偏移，需要先执行“炸开（X）”命令</td><td rowspan="2">命令：REC
RECTANG
指定第一个角点或 [倒角（C）/ 标高（E）/ 圆角（F）/ 厚度（T）/ 宽度（W）]：
指定另一个角点或 [面积（A）/ 尺寸（D）/ 旋转（R）]：

命令：REC
RECTANG
当前矩形模式：圆角 =100.0000
指定第一个角点或 [倒角（C）/ 标高（E）/ 圆角（F）/ 厚度（T）/ 宽度（W）]：
指定另一个角点或 [面积（A）/ 尺寸（D）/ 旋转（R）]：</td><td></td></tr>
<tr><td>倒角（C）：确定矩形第一个倒角与第二个倒角的距离值，画出具有倒角的矩形
圆角（F）：确定矩形的圆角半径值
宽度（W）：确定矩形的线型宽度
尺寸（D）：使用长和宽来创建矩形
面积（A）：使用面积与长度或宽度创建矩形
旋转（R）：按指定的旋转角度创建矩形</td></tr>
<tr><td>多边形（POL）</td><td>命令：POL
POLYGON 输入侧面数 <4>：5
指定正多边形的中心点或 [边（E）]：
输入选项 [内接于圆（I）/ 外切于圆（C）] <I>：
指定圆的半径：100</td><td></td></tr>
<tr><td>填充（H）</td><td>命令：H
HATCH
拾取内部点或 [选择对象（S）/ 放弃（U）/ 设置（T）]：正在选择所有对象 ...
正在选择所有可见对象 ...
正在分析所选数据 ...
正在分析内部孤岛 ...
拾取内部点或 [选择对象（S）/ 放弃（U）/ 设置（T）]：</td><td></td></tr>
</table>

2）绘图工具：填充（H）

“图案填充创建”命令面板（见图 1-21）主要完成对填充命令的各种参照的设置。

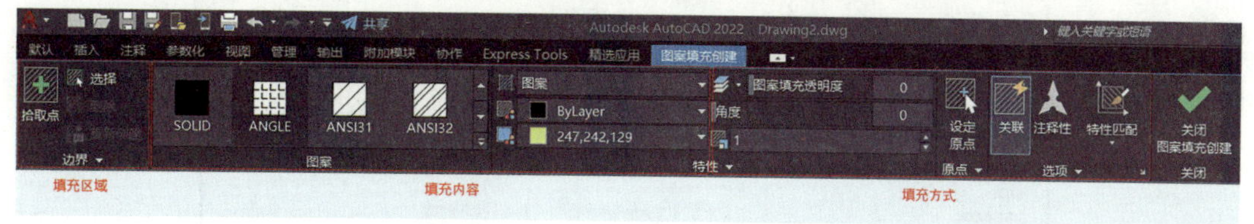

图 1-21 “图案填充创建”命令面板

（1）填充部位：“选择”指的是填充部位选择的闭合的整体对象；“拾取点”是指填充部位拾取的闭合区域的任一点。

（2）填充内容及方式：AutoCAD 2022 中填充内容有颜色（实体纯色 / 渐变色）、图案、用户自定义。填充内容区域，可预览填充内容的样例。具体见表 1-13。

表 1-13 “填充”命令面板中填充内容及参数设置

填充内容		设置参数	图示
颜色	实体（纯色）	颜色、透明度、设定原点等	
	渐变色	双色、透明度、角度、居中等	
		单色＋明暗度（黑色）、透明度、角度、居中等	
图案		填充图案及颜色、背景色、透明度、角度、比例、设定原点等	
		例：填充三角形区域	图案为“ANGLE”，图案颜色为黑色，背景色为黄色。
自定义		自定义图案及颜色、背景色、透明度、角度、比例、设定原点等透明度、角度	

注：①“比例”是指填充图案的大小，比例越大填充的图案越大（疏）。②单击“图案填充创建命令面板”（见图 1-22）中“选项”区右下角“↘”，弹出“图案填充和渐变色”对话框，在对话框中进行各参数的设置更为便捷。

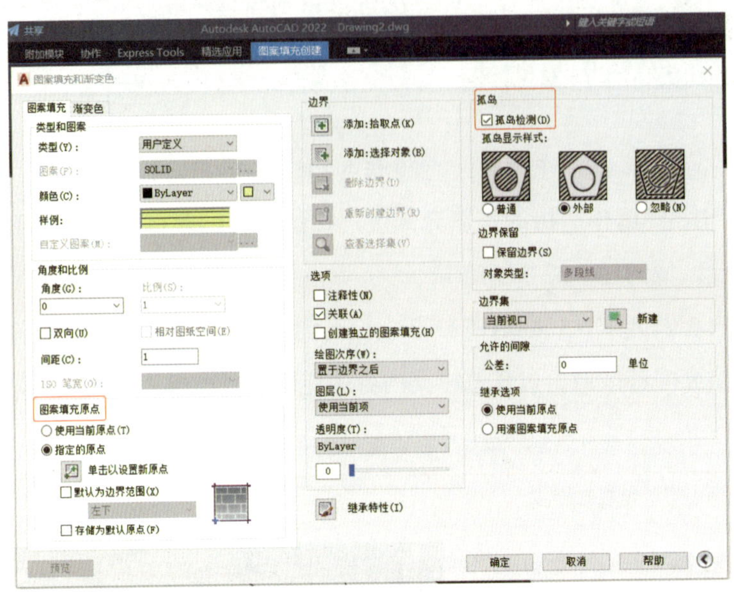

图 1-22　图案填充创建命令面板

“图案填充原点”：可指定图案填充的起始点。

“孤岛检测”：当填充边界为多重时，可参考显示样式，选择适合的填充样式。

3）修改工具

修改工具：镜像（MI）、复制（CO）、旋转（RO）、移动（M），具体的命令执行步骤如表 1-14 所示。

表 1-14　镜像（MI）、复制（CO）、旋转（RO）、移动（M）命令执行步骤

执行方式	快捷键	
	单击“修改”命令面板，选择命令项	
镜像（MI）	命令：MI MIRROR 选择对象：指定对角点：找到 3 个 选择对象：指定镜像线的第一点： 指定镜像线的第二点： 要删除源对象吗？[是（Y）/ 否（N）]< 否 >： N	要删除源对象吗? 是(Y) • 否(N)

续表

复制（CO）	命令: CO COPY 选择对象: 指定对角点: 找到 3 个 选择对象: 当前设置: 复制模式 = 多个 指定基点或 [位移（D）/ 模式（O）] < 位移 > : 指定第二个点或 [阵列（A）] < 使用第一个点作为位移 > : 指定第二个点或 [阵列（A）/ 退出（E）/ 放弃（U）] < 退出 > : * 取消 *	
旋转（RO）	命令: RO ROTATE UCS 当前的正角方向: ANGDIR= 逆时针 ANGBASE=0 选择对象: 指定对角点: 找到 3 个 选择对象: 指定基点: 指定旋转角度，或 [复制（C）/ 参照（R）] <0> : < 正交 关 >	
移动（M）	命令: M MOVE 选择对象: 指定对角点: 找到 3 个 选择对象: 指定基点或 [位移（D）] < 位移 > : 指定第二个点或 < 使用第一个点作为位移 > :	

1.3.4 任务实施

1. 绘制餐桌组合

图 1–23 所示为餐桌组合图例及尺寸。

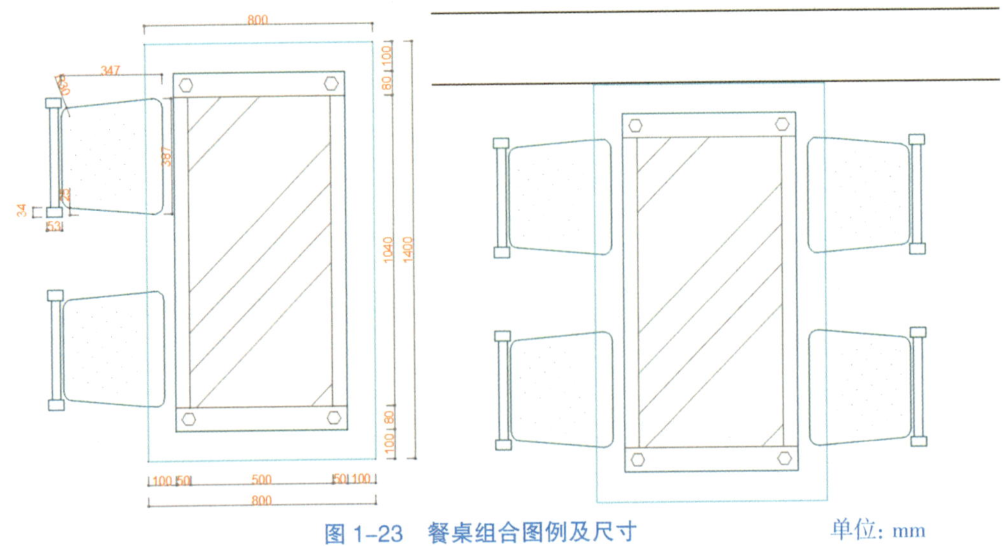

图 1-23　餐桌组合图例及尺寸　　单位：mm

图形分析：图 1–23 所示为 800 mm × 1400 mm 的一桌四椅组合，从桌面上的斜线及椅子图例的完整表达，可看出这款餐桌为透明材质（玻璃）所制，椅面上的小点装饰“用工具填充（H）”更显图例的精致。

其绘制步骤可见表 1–15。

表 1–15　一桌四椅图例绘制步骤

序号	操作步骤	图示
1	绘制餐桌边框： 命令：矩形（REC）+ 炸开（X）+ 偏移（O） 绘制 800 mm × 1400 mm 的矩形框，向内偏移 100 mm，“炸开”后按图示表示尺寸的偏移	

续表

序号	操作步骤	图示
2	绘制餐桌细节装饰： 命令：多边形（POL）+ 镜像（MI）+ 填充（H）+ 炸开（X）+DELETE 六边形的装饰；执行镜像（MI）命令，实现左右及上下对称，完成四角分布布置； 桌面的斜线通过“图案”填充，“炸开”后删除部分而成	
3	绘制餐椅外框： 命令：矩形（REC） 绘制 347 mm × 387 mm 的椅面及 53 mm × 34 mm 的椅背矩形部分 命令：直线（L）+ 偏移（O） 餐椅面向内偏移 25 mm 绘制辅助线	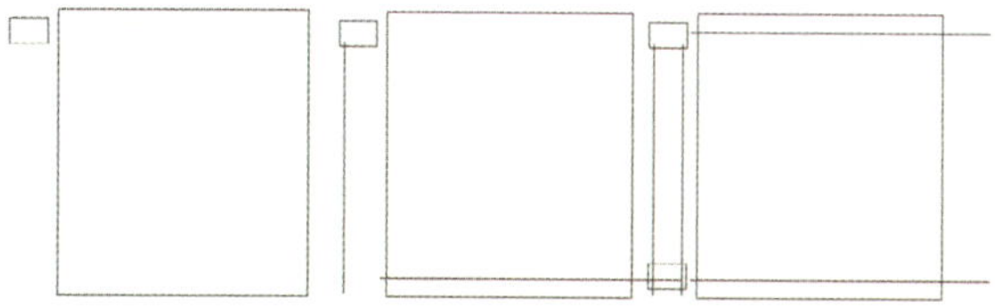
4	完善餐椅造型： 命令：直线（L）+ 修剪（TR）+DELETE	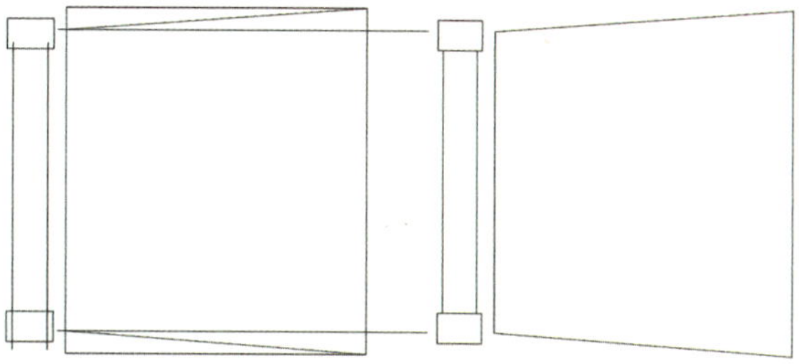
5	完善餐椅造型： 命令：圆角（F）+ 填充（H） 椅面四角做半径为 30 mm 的倒圆角处理，并以点的图案进行填充	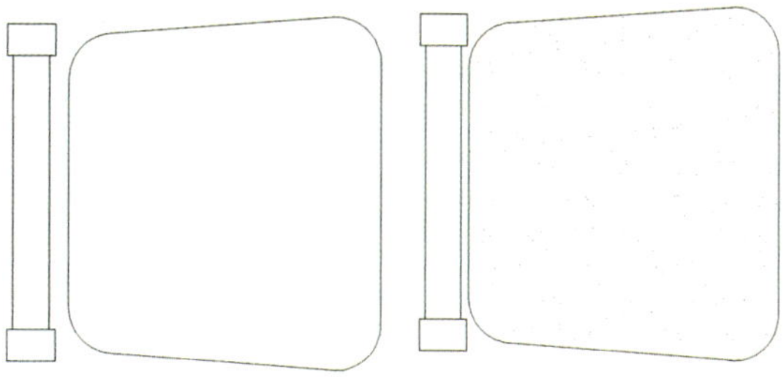

续表

序号	操作步骤	图示
6	完成餐桌组合： 命令：镜像（MI） 执行“镜像（MI）”命令，实现左右及上下对称，完成四椅的分布布置	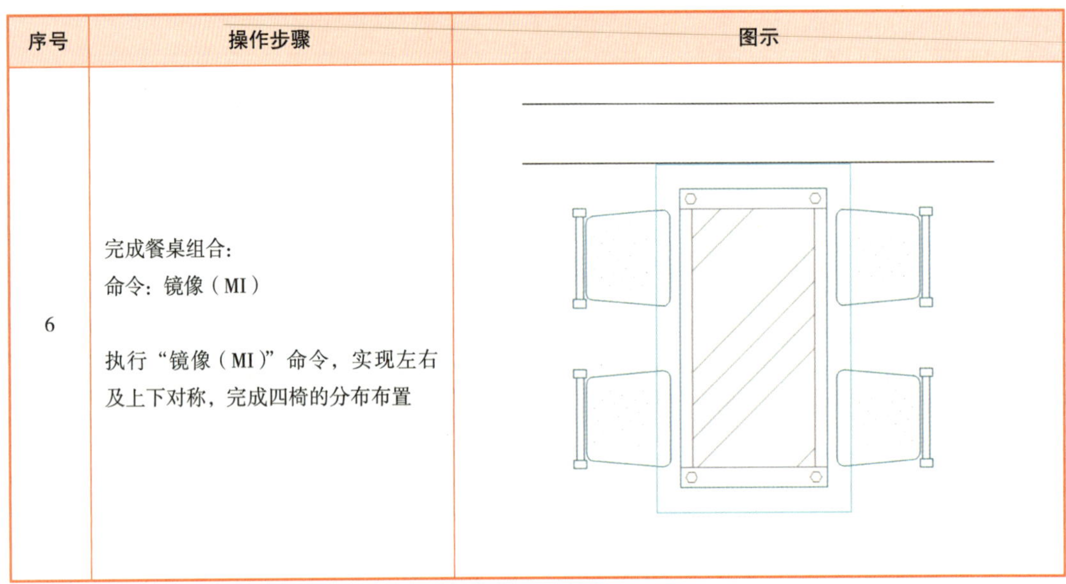

2. 绘制沙发组合 + 电视柜

图 1-24、图 1-25 所示分别为沙发组合和电视框组合的图例及尺寸。

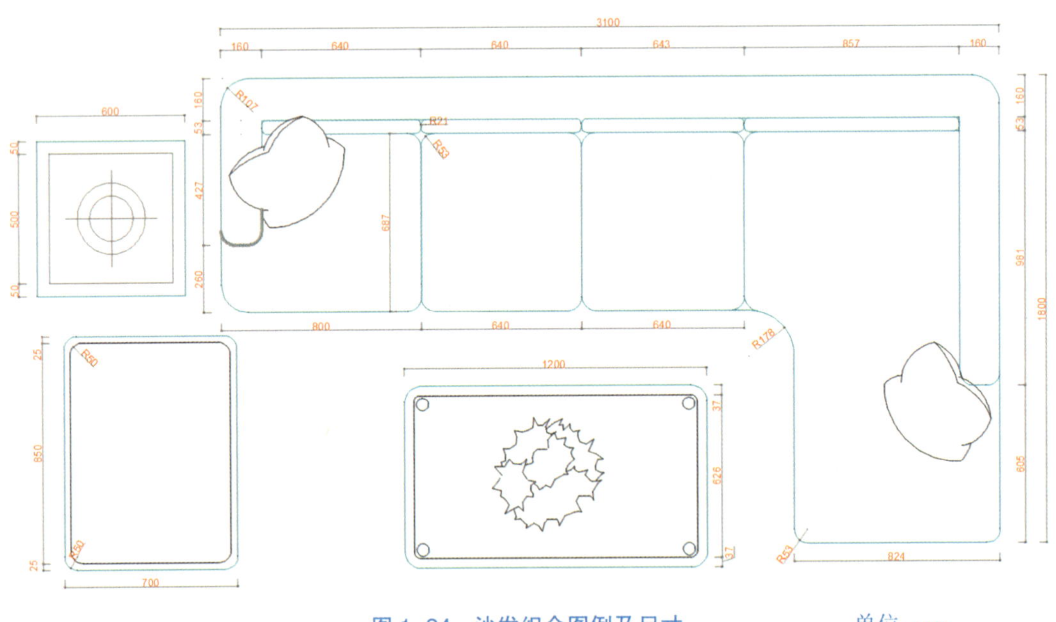

图 1-24　沙发组合图例及尺寸　　单位：mm

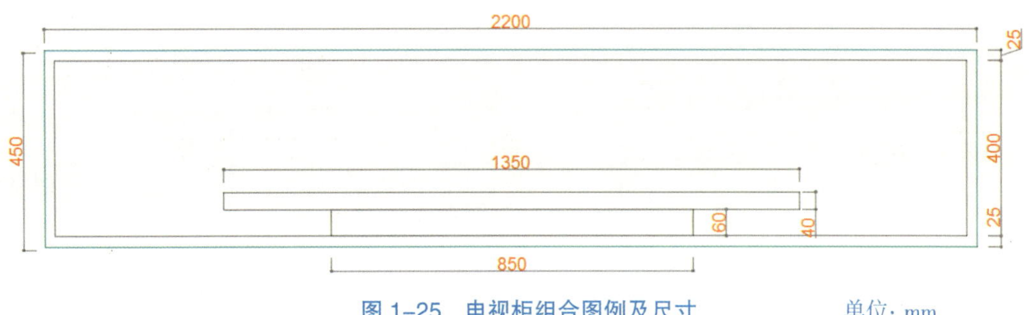

图 1-25 电视柜组合图例及尺寸 单位：mm

图形分析：图 1-24 所示沙发组合，看似复杂，其实都是前期所学的。在绘制大件家具时，要综合考虑绘图的步骤，先整体后局部，先轮廓后细节。茶几的绘制和卧室区的床头柜步骤一致，脚踏的绘制可参考茶几的步骤绘制（见表 1-16）。

表 1-16 沙发、茶几、电视及电视柜图例绘制步骤

序号	操作步骤	图示
1	绘制电视柜体： 命令：矩形（REC）+ 偏移（O） 绘制 2200 mm × 450 mm 矩形框，向内偏移 25 mm 绘制电视： 命令：矩形（REC）+ 移动（M） 分别绘制 1350 mm × 40 mm，850 mm × 60 mm 的矩形框，通过中点的捕捉，进行移动合并	
	电视柜体 + 电视组合： 命令：移动（M） 通过中点的捕捉，进行移动组合	

续表

序号	操作步骤	图示
2	绘制三位沙发辅助线： 命令：直线（L） 绘制长 3100 mm 水平线，1800 mm 垂直线	
	完成三位沙发雏形： 命令：偏移（O）+ 修剪（TR） 根据图示中尺寸，进行水平和垂直方向的偏移，并根据造型进行修剪	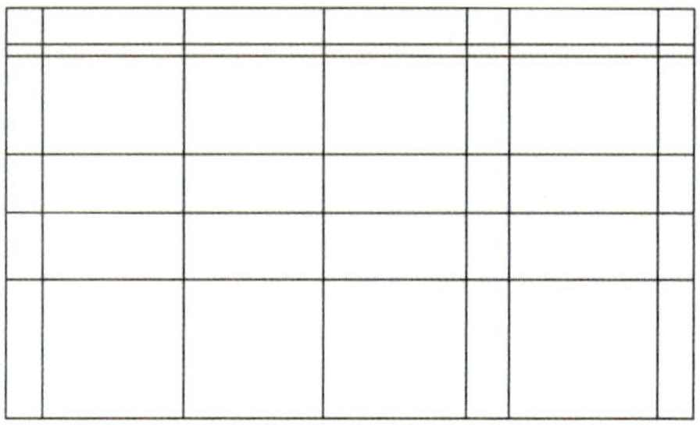 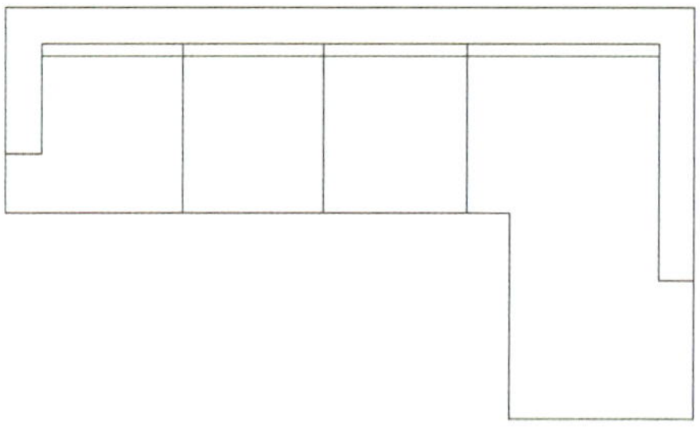
	修饰沙发： 命令：圆角（F）+ 修剪（TR） 根据图示中圆角半径值，进行倒圆角处理（大部分的圆角处理，需要保持不修剪状态），并根据造型进行修剪	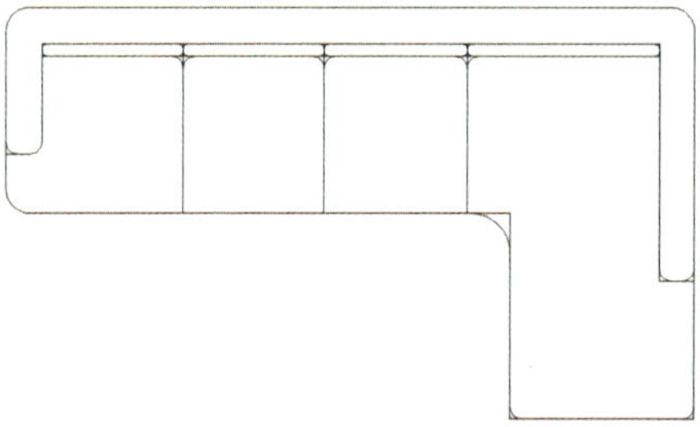 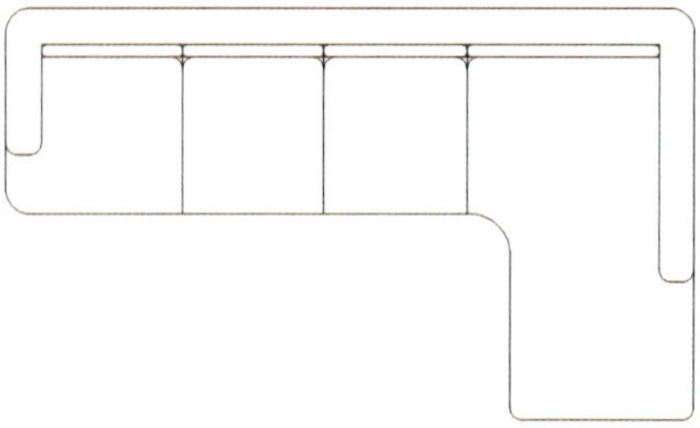

续表

序号	操作步骤	图示
3	绘制茶几： 命令：矩形（REC）+ 偏移（O）+ 圆角（F） 绘制 1200 mm × 700 mm 矩形框，向内偏移 37 mm 外角倒 R=62 mm 的圆角 内角倒 R=25 mm 的圆角	
	装饰茶几： 命令：圆（C）+ 镜像（MI） 绘制 R=24 mm 的圆，并执行上下、左右两次镜像，完成茶几的四角圆图形的布置，镜像线是茶几的两条边的中线	
	绿植 命令：直线（L） 参照右图，用直线绘制绿植	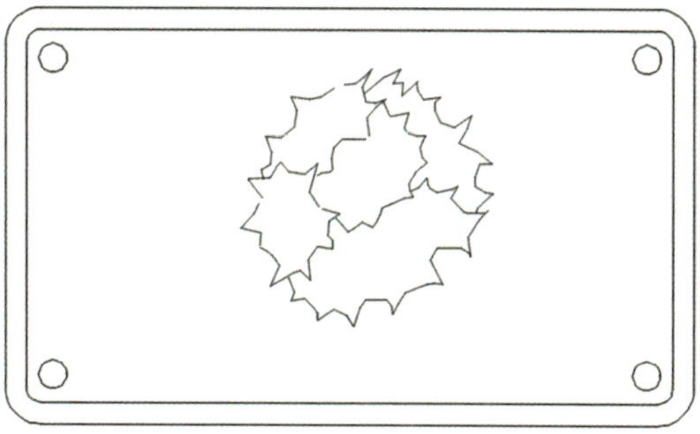

3. 绘制餐客区，并布置

表 1–17 所示为餐客区平面布置。

表 1–17　餐客区平面布置

序号	操作步骤	图示
1	绘制户型： 命令：矩形（REC）+ 偏移（O） 矩形绘制内墙 7300 mm × 4500 mm 客厅区；偏移 240 mm 的墙厚 开洞： 命令：直线（L）+ 修剪（TR） 完成 2600 mm 的垭口洞及宽为 2600 mm 的通道	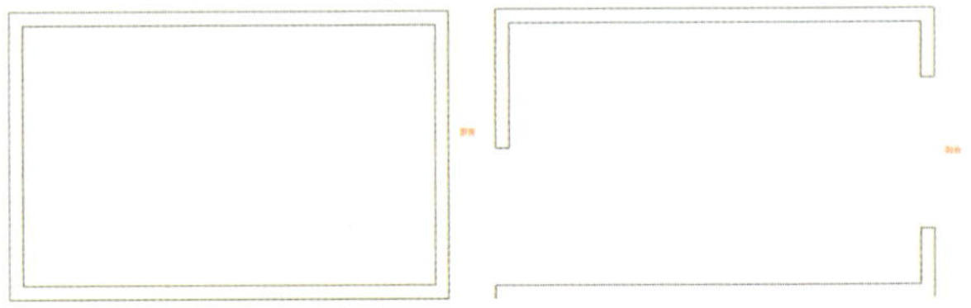
2	绘制增墙 + 推拉门 命令：直线（L）+ 填充（H）+ 修剪（TR） 完成通往阳台宽 2600 mm 垭口处增墙的绘制及宽为 900 mm+100 mm+900 mm 的双推门的绘制	
3	绘制餐边框 命令：直线（L） 沿墙体绘制厚为 400 mm 的餐边柜	
4	餐客厅区布置： 命令：移动（M）+ 旋转（RO）+ 复制（CO） 插入以上绘制的图例，完成餐客区布置	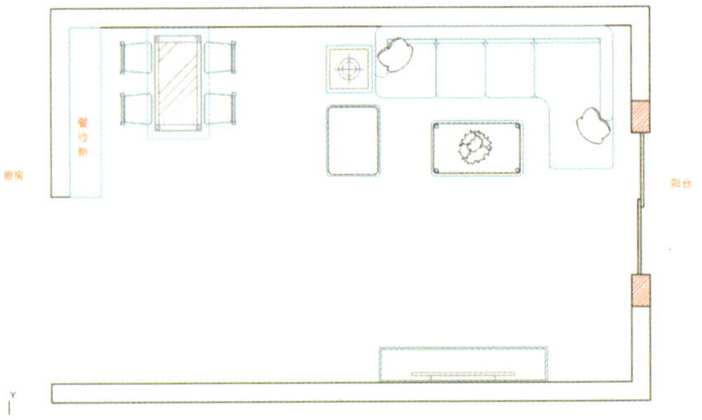

1.3.5 举一反三：玄关处鞋柜和衣柜绘制

图 1–26 所示为玄关处鞋柜和衣柜的平面和立面图例，表 1–18 所示为鞋柜和衣柜图例的绘制步骤。

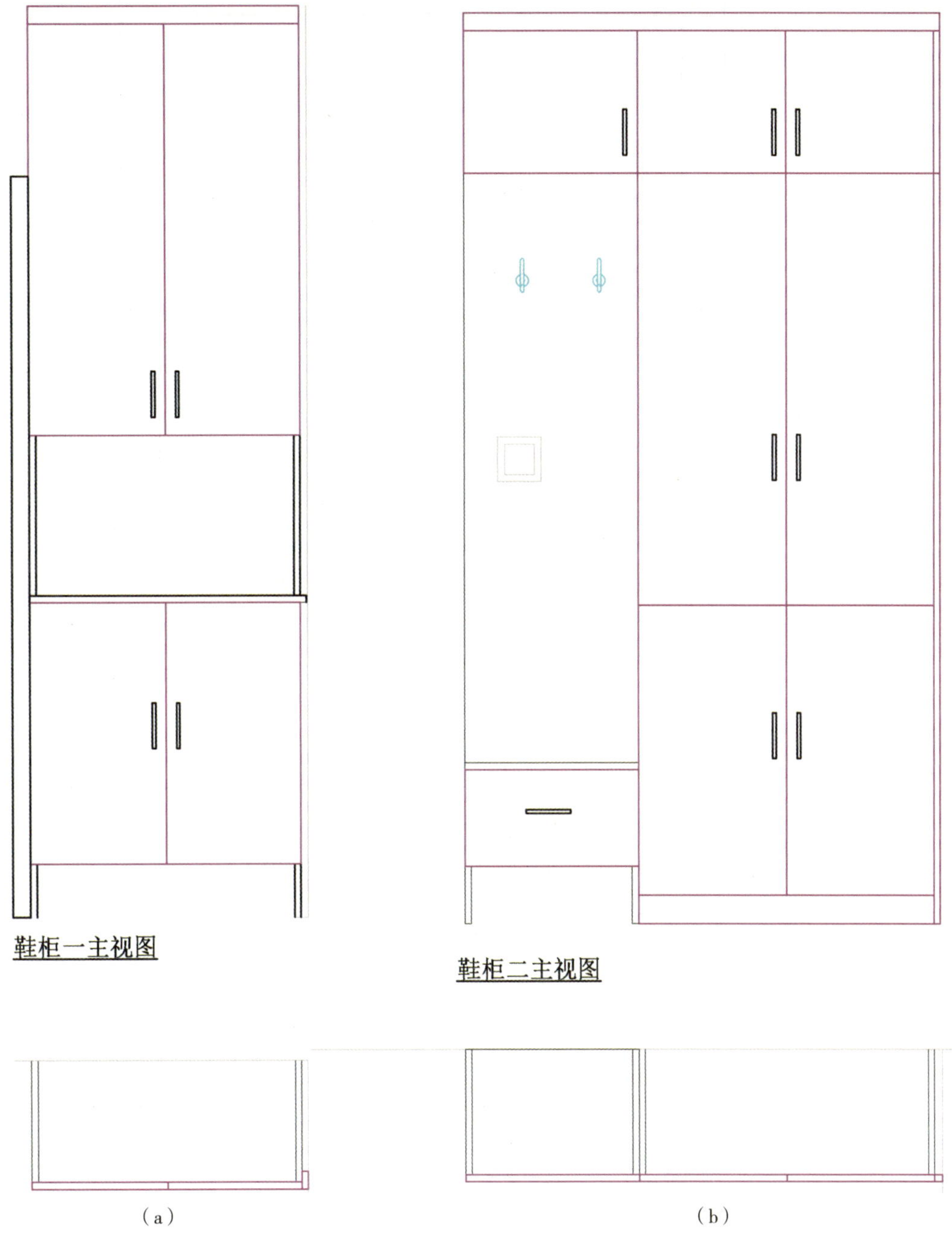

图 1–26　玄关处鞋柜及衣柜平面和立面的图例

表 1-18　玄关处鞋 / 衣柜图例绘制步骤

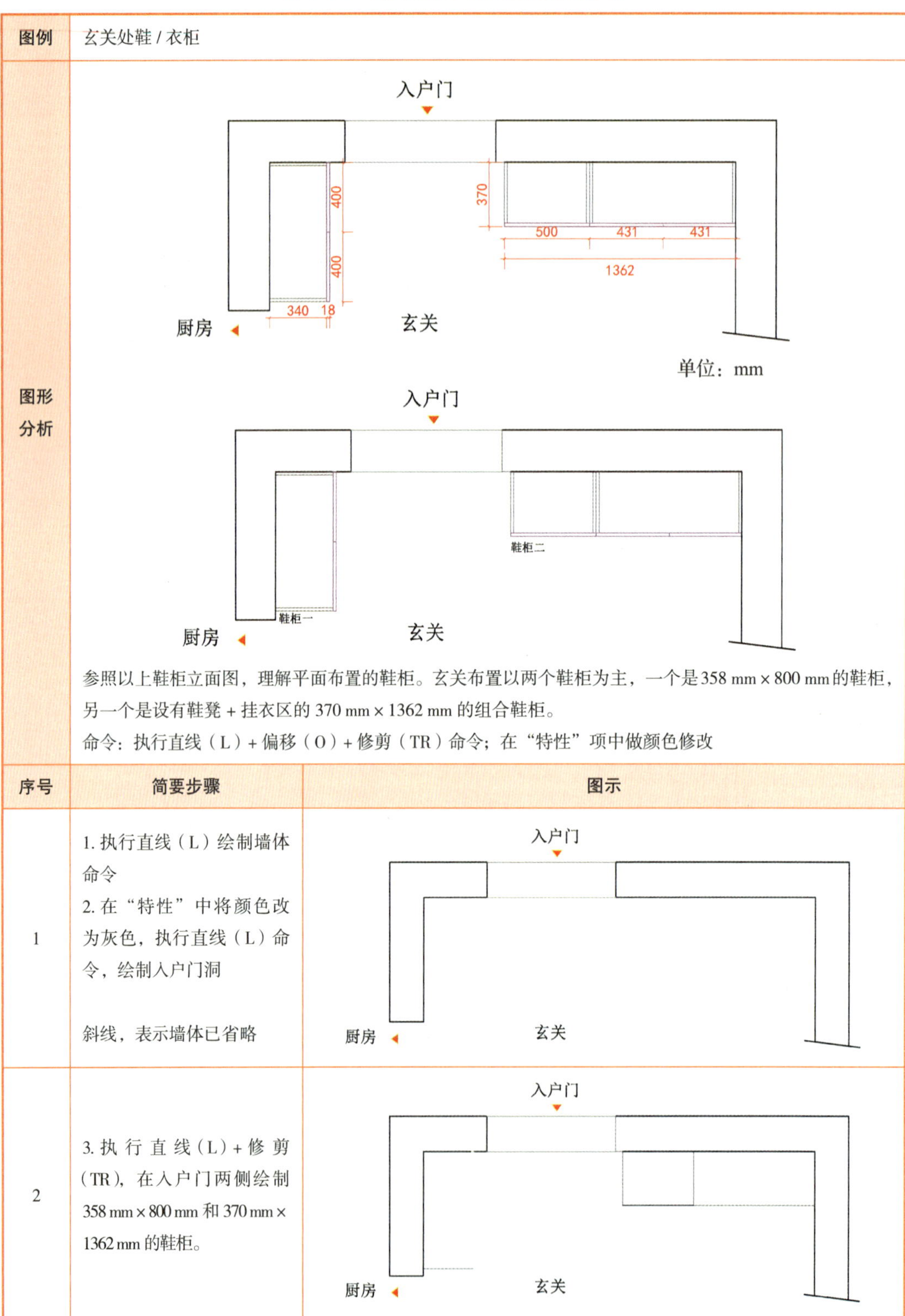

图例	玄关处鞋 / 衣柜	
图形分析	参照以上鞋柜立面图，理解平面布置的鞋柜。玄关布置以两个鞋柜为主，一个是 358 mm × 800 mm 的鞋柜，另一个是设有鞋凳 + 挂衣区的 370 mm × 1362 mm 的组合鞋柜。 命令：执行直线（L）+ 偏移（O）+ 修剪（TR）命令；在“特性”项中做颜色修改	
序号	简要步骤	图示
1	1. 执行直线（L）绘制墙体命令 2. 在“特性”中将颜色改为灰色，执行直线（L）命令，绘制入户门洞 斜线，表示墙体已省略	入户门　厨房　玄关
2	3. 执行直线（L）+ 修剪（TR），在入户门两侧绘制 358 mm × 800 mm 和 370 mm × 1362 mm 的鞋柜。	入户门　厨房　玄关

续表

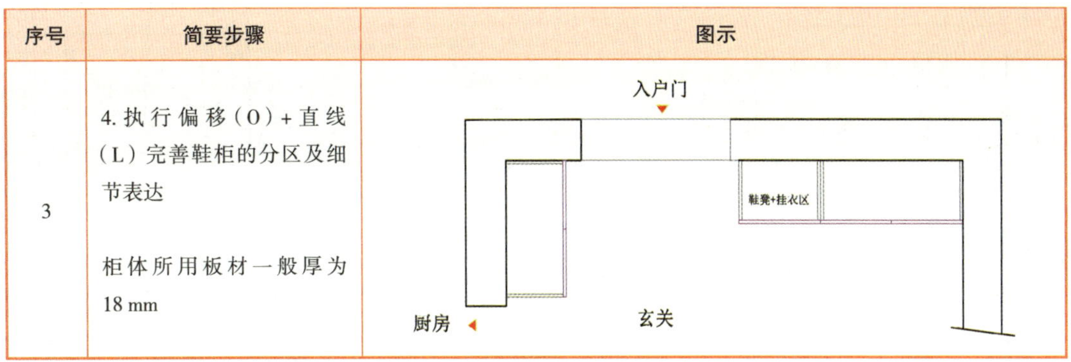

序号	简要步骤	图示
3	4. 执行偏移（O）+ 直线（L）完善鞋柜的分区及细节表达 柜体所用板材一般厚为 18 mm	入户门　鞋凳+挂衣区　厨房　玄关

1.3.6 任务实施效果评价及反思改进

表 1–19 所示为任务实施效果评价及反思改进报告单。

表 1–19　任务实施效果评价及反思改进报告单

项目名称	单项功能区平面布置			
学习任务				
任务实施	序号	典型工作环节	实施效果	评价
	1			
	2			
	3			
反思改进				

任务 1.4　厨房、卫生间、阳台功能区平面布置图

1.4.1 任务描述

绘制燃气灶、洗菜池、洗脸池、马桶等图例，完成厨房、卫生间、阳台区域的平面布置（可参照图 1–27）。

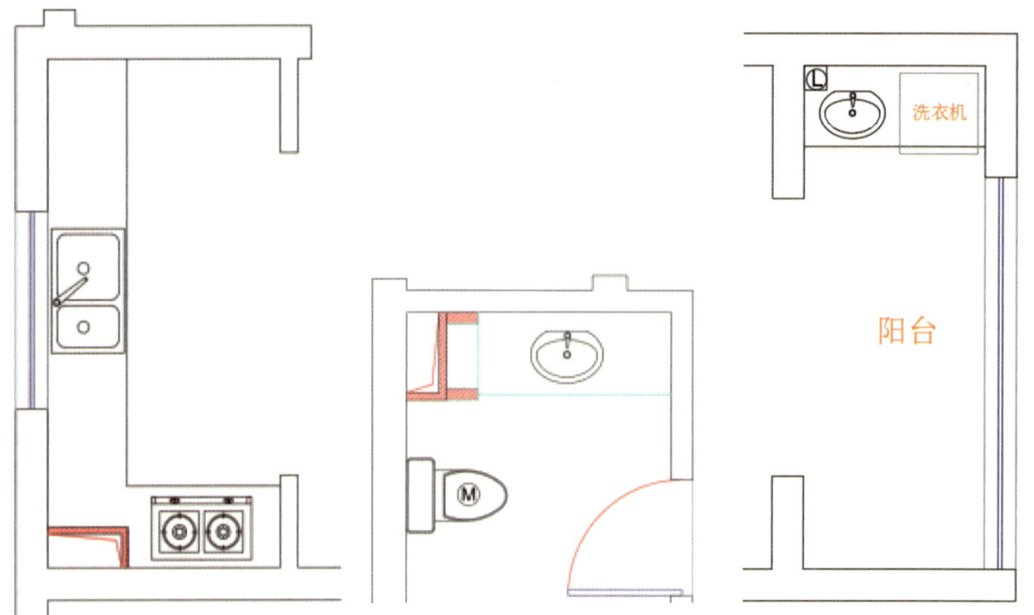

图 1-27　厨房、卫生间、阳台区域的平面布置图

1.4.2 任务分析

要完成上述工作任务，需在了解厨房、卫生间、阳台布置要求的基础上，学会使用绘图工具：圆弧、椭圆；修改工具：阵列、合并；注释文字等工具。在此基础上绘制图例并完成厨房、卫生间、阳台空间的布置。

1.4.3 相关知识

1. 厨房、卫生间、阳台功能区布置要点

1）厨房空间

厨房空间以日常操作流程作为设计的基础，厨房布局的最基本原则是“三角形工作空间”，是指利用冰箱、洗菜池、燃气灶之间连线构成的工作三角，即工作三角法。利用工作三角法，可形成 U 形、L 形、走廊式（双墙式）、一字形（单墙式）、半岛式和岛式等常见的厨房平面布局形式。

（1）U 形厨房。U 形厨房的工作区共有两处转角，空间要求较大。水槽最好放在 U 形底部，并将配菜区和烹饪区分设两旁，使水槽、冰箱和燃气灶连成一个正三角形。U 形之间的距离以 1200~1500 mm 为宜（见图 1-28）。

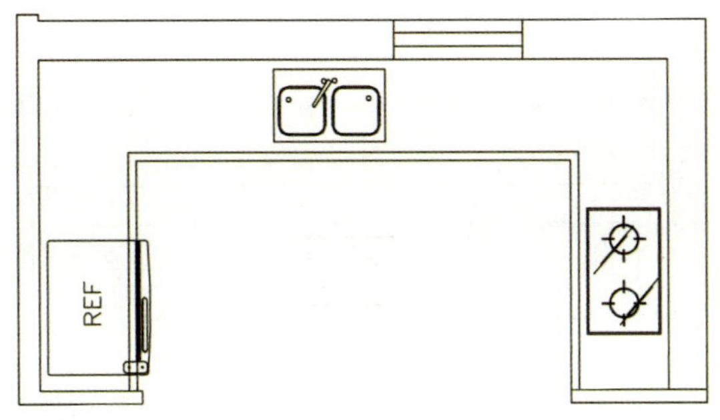

图 1–28　U 形厨房平面布置

（2）L 形厨房。L 形厨房将清洗、配菜与烹饪三大工作中心依次配置于相互连接的 L 形灶台（见图 1–29）。最好不要将 L 形长的一边设计过长，以免降低工作效率，这种空间运用比较普遍、经济。

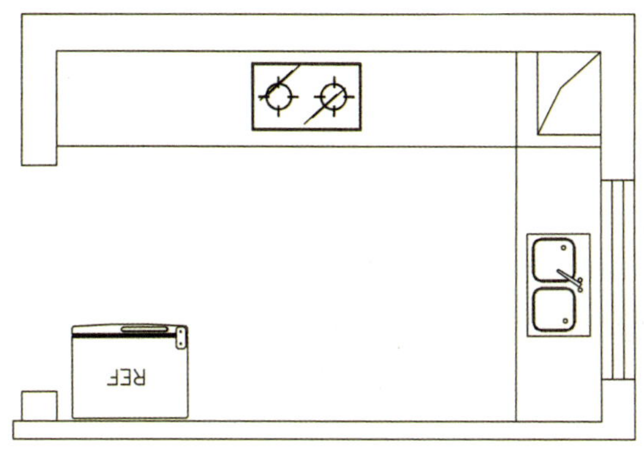

图 1–29　L 形厨房平面布置

（3）一字形厨房。一字形厨房是指工作区呈一字形沿一面墙布置，通常在空间不大、走廊狭窄情况下采用。使用者所有工作都能在一条直线上完成，以节省空间（见图 1–30）。但应注意避免把“战线”铺得太长，否则易降低工作效率。在不妨碍通道的情况下，可设计一块能伸缩调整或可折叠的面板，以备不时之需。

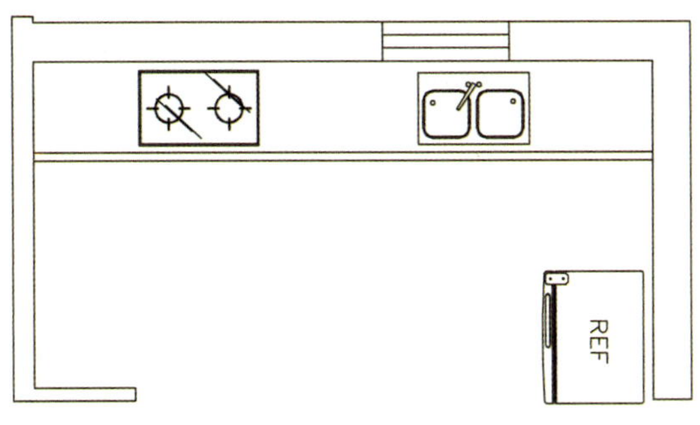

图 1–30　一字形厨房平面布置

（4）走廊式厨房。走廊式厨房适于狭长且有一定宽度的房间，将工作区沿两面墙布置（见图 1–31），但要避免有较大的交通量穿越工作三角，否则会让使用者感到不便。

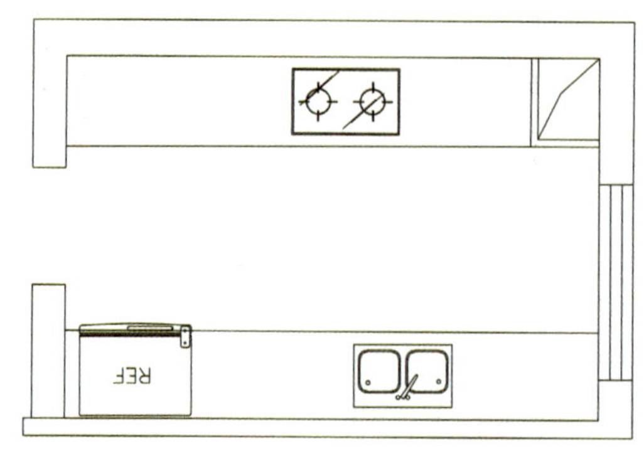

图 1–31　走廊式厨房平面布置

（5）岛式厨房。岛式厨房是将灶台独立为岛型，是一款新颖而别致的设计，可灵活应用于早餐制作、烫衣服、插花、调酒等方面（见图 1–32）。这个“岛”充当了厨房里几个不同部分的分隔物，并且可以从各边就近使用它。

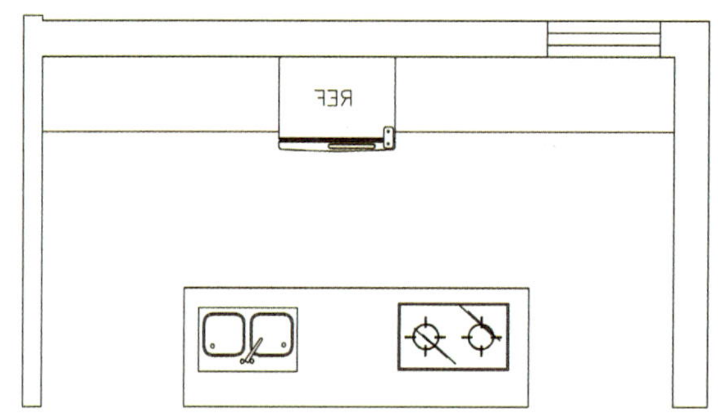

图 1–32　岛式厨房平面布置

2）卫生间空间

住宅卫生间的平面布局与气候，经济条件，文化、生活习惯，家庭人员构成，设备大小及形式有很大的关系。一般可分为独立型、兼用型和折中型几种形式。

（1）独立型。独立型卫生间是指卫生间中，浴室、厕所、洗脸间等各自为独立的空间。独立型卫生间的优点：各空间可以同时使用，特别在使用高峰期可减少互相干扰，各空间功能明确，使用起来方便、舒适。缺点：空间占用面积多，建造成本高，适合多居室住宅。

（2）兼用型。兼用型卫生间是指把浴盆、洗脸池、座便器等洁具集中在一个空间。兼用型卫生间的优点：节省空间、经济、管线布置简单等。家居卫生间空间选用此种布置较多。

（3）折中型。折中型卫生间是指卫生间空间中的基本设备一部分是独立的，另外部分则合并为一室。折中型卫生间的优点：相对节省空间，组合比较自由。

（4）其他布局形式。除了上述几种基本布局形式以外，卫浴间还有许多更加灵活的布局形式，这主要是现代人给卫浴间注入了新的概念，增加了许多新功能。例如，把桑拿浴设备引入卫浴间或在浴室内设置电视与音响设备，使人在沐浴的同时获得优雅的艺术享受等。

3）阳台空间

阳台具有晾晒衣物、培植花草和储存物品等使用功能，如设有下水可考虑布置洗衣机和洗手池。

2. 厨房、卫生间、阳台功能区常用图例所用命令

1）绘图工具：圆弧（A）、椭圆（EL）

表 1-20 所示为圆弧（A）、椭圆（EL）命令的执行步骤。

表 1-20　圆弧（A）、椭圆（EL）命令执行步骤

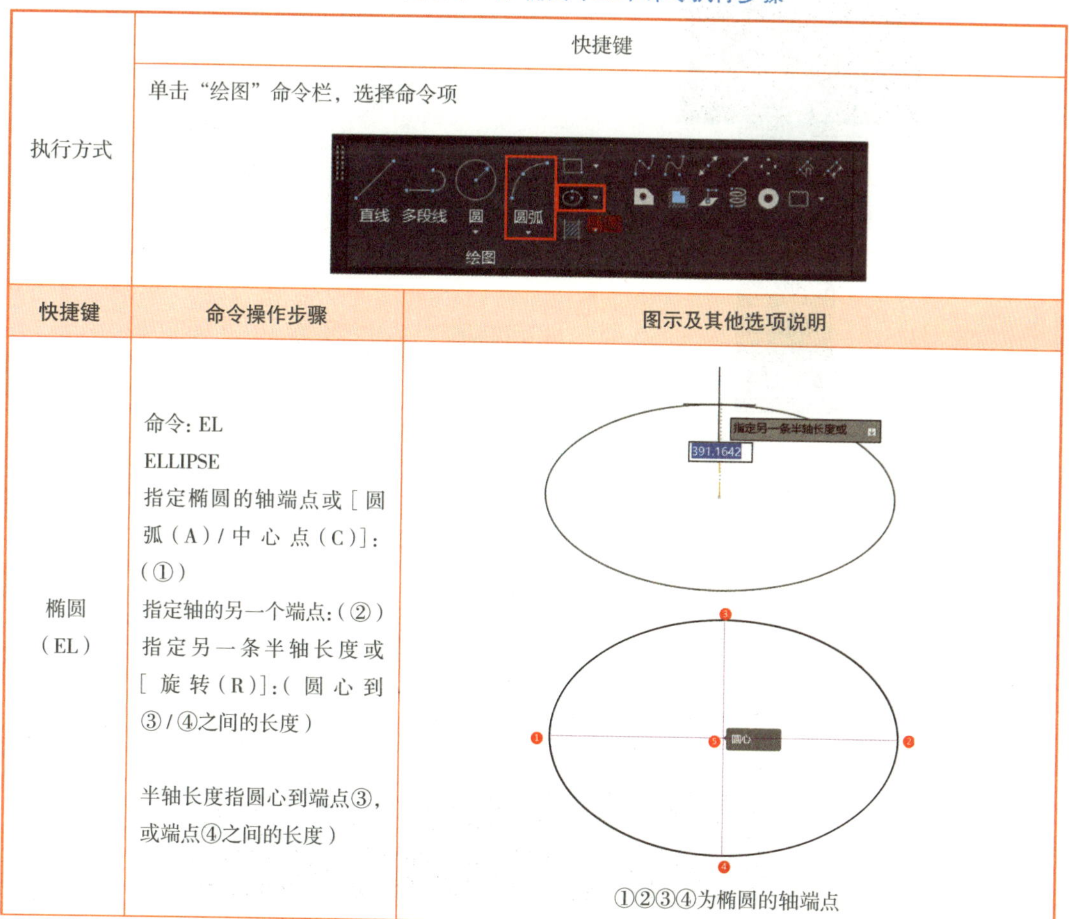

<table>
<tr><td rowspan="2">执行方式</td><td colspan="2">快捷键</td></tr>
<tr><td colspan="2">单击“绘图”命令栏，选择命令项
直线　多段线　圆　圆弧
绘图</td></tr>
<tr><td>快捷键</td><td>命令操作步骤</td><td>图示及其他选项说明</td></tr>
<tr><td>椭圆
（EL）</td><td>命令：EL
ELLIPSE
指定椭圆的轴端点或［圆弧（A）/中心点（C）］：（①）
指定轴的另一个端点：（②）
指定另一条半轴长度或［旋转（R）］：（圆心到③/④之间的长度）

半轴长度指圆心到端点③，或端点④之间的长度）</td><td>指定另一条半轴长度或
391.1642
圆心
①②③④为椭圆的轴端点</td></tr>
</table>

续表

快捷键	命令操作步骤	图示及其他选项说明
圆弧（A）	命令：A ARC 指定圆弧的起点或 [圆心（C）]：C 指定圆弧的圆心 指定圆弧的起点 指定圆弧的端点（按住 Ctrl 键以切换方向）或 [角度（A）/ 弦长（L）]	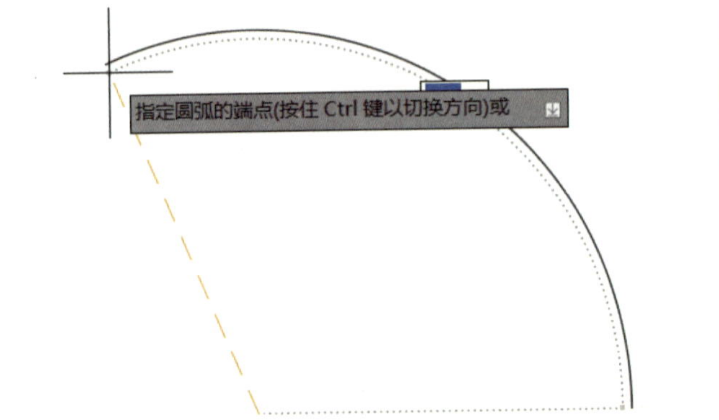 以上以（圆心、起点、端点）绘制弧 注：圆弧的起点到端点方向，逆时针为旋转方向，可按住 Ctrl 键切换方向
	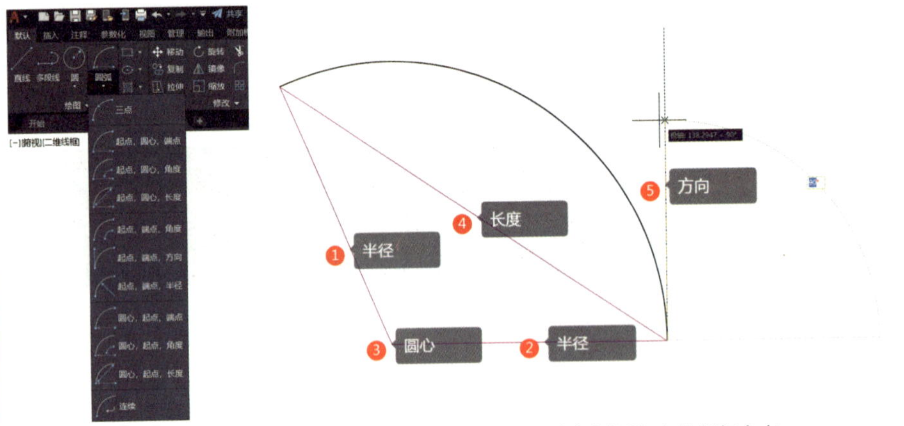 注：三要素定圆弧，“角度”是指半径之间的夹角；“方向”是指与圆弧起点的相切方向	

2）修改工具：阵列、合并（J）

表 1-21 所示为阵列、合并（J）命令的执行步骤。

表 1-21　阵列、合并（J）命令执行步骤

	快捷键
执行方式	单击“修改”命令面栏，选择命令项 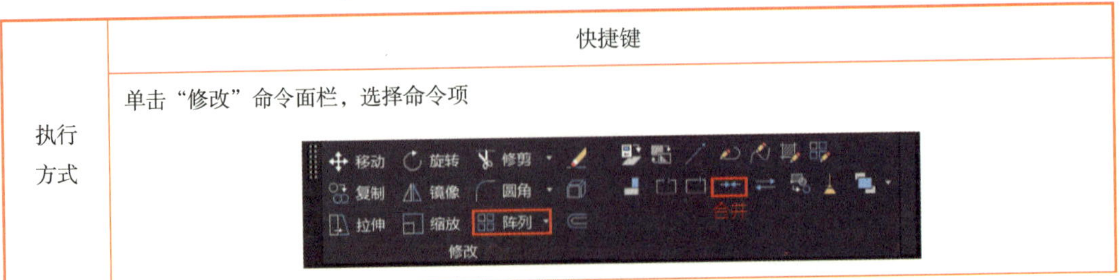

续表

快捷键	命令操作步骤	图示及其他选项说明
合并 （J）	命令：J JOIN 找到 3 个 3 条直线已合并为 1 条直线	注：合并的对象需保持在一条水平线上
阵列	矩形阵列 命令：AR ARRAY 选择对象：找到 1 个 选择对象：输入阵列类型 [矩形（R）/ 路径（PA）/ 极轴（PO）] < 矩形 >：R 类型 = 矩形 关联 = 是 选择夹点以编辑阵列或 [关联（AS）/ 基点（B）/ 计数（COU）/ 间距（S）/ 列数（COL）/ 行数（R）/ 层数（L）/ 退出（X）] < 退出 >： ……	设置参数： “行数”为 2；“介于”为 100 “列数”为 3；“介于”为 150 注：“介于”指项目之间的间距
	极轴阵列 命令：AR ARRAY 选择对象：找到 1 个 选择对象：输入阵列类型 [矩形（R）/ 路径（PA）/ 极轴（PO）] < 矩形 >：PO 类型 = 极轴 关联 = 是 指定阵列的中心点或 [基点（B）/ 旋转轴（A）]： 选择夹点以编辑阵列或 [关联（AS）/ 基点（B）/ 项目（I）/ 项目间角度（A）/ 填充角度（F）/ 行（ROW）/ 层（L）/ 旋转项目（ROT）/ 退出（X）] < 退出 >： ……	设置参数： “项目数”为 6 注：“介于”指项目之间的间距

续表

快捷键	命令操作步骤	图示及其他选项说明
阵列	命令：AR ARRAY 选择对象：找到 1 个 选择对象：输入阵列类型 [矩形（R）/ 路径（PA）/ 极轴（PO）] < 极轴 >：PA 类型 = 路径 关联 = 是 选择路径曲线： 选择夹点以编辑阵列或 [关联（AS）/ 方法（M）/ 基点（B）/ 切向（T）/ 项目（I）/ 行（R）/ 层（L）/ 对齐项目（A）/z 方向（Z）/ 退出（X）] < 退出 >： ** 项目间距 ** 指定项目之间的距离： 选择夹点以编辑阵列或 [关联（AS）/ 方法（M）/ 基点（B）/ 切向（T）/ 项目（I）/ 行（R）/ 层（L）/ 对齐项目（A）/z 方向（Z）/ 退出（X）] < 退出 >：	

3）注释工具：文字注释

（1）文字样式设置：可在“文字样式”对话框中设置，如图 1-33 所示。

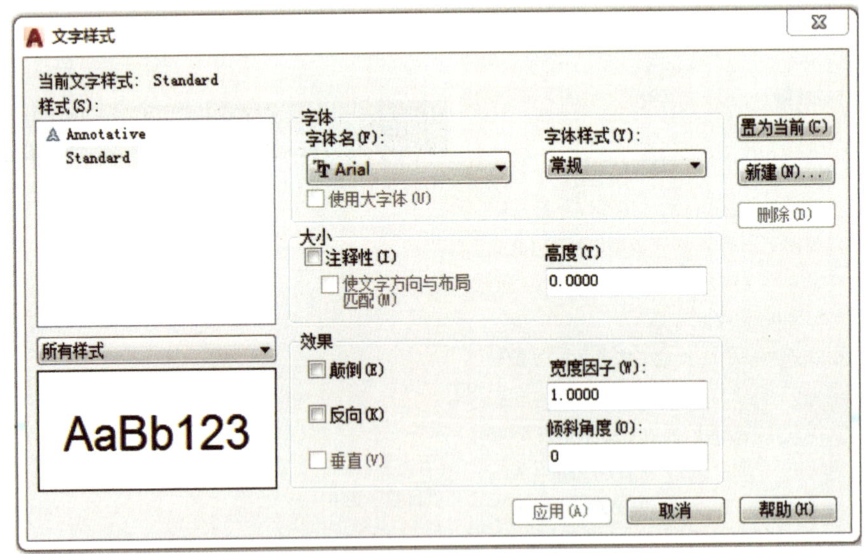

图 1-33 “文字样式”对话框

打开方式：快捷键“ST”；单击“注释”命令面板，选择“文字样式”选项。

"文字样式"管理器，主要围绕文字的外观效果、字体与字号、倾斜角度及旋转角度等参数进行设置。

下面以"新建文字样式"（见图 1–34）为例说明新建和修改文字样式的操作过程，具体步骤如下。

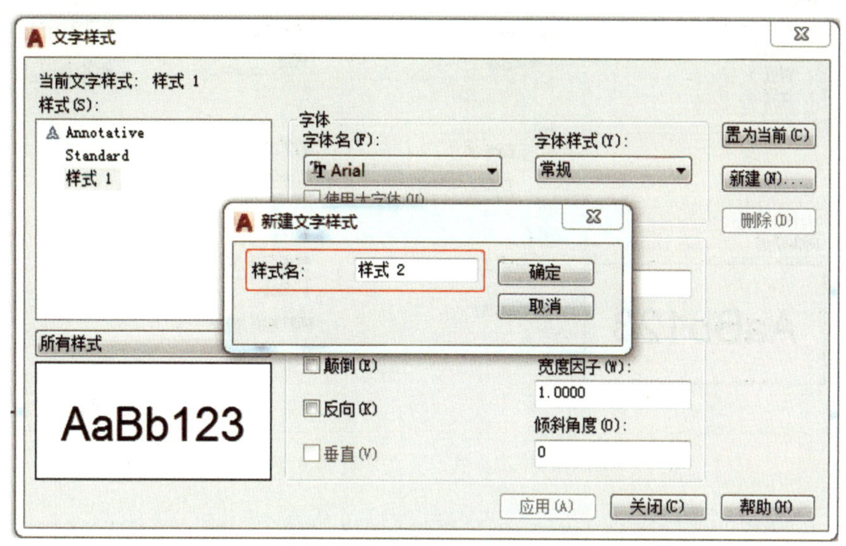

图 1–34　新建文字样式

①单击"新建"按钮，在打开"新建文字样式"对话框中为新样式命名，单击"确定"按钮确认。

②根据要求，设置"文字样式"对话框中各参数。

a."字体名"：下拉菜单中有宋体、黑体等多种字体可供选择；

b."字体样式"：设有"常规""斜体""粗体""粗斜体"4 种样式选项；

c."效果"："颠倒"可使字体倒置；"反向"可使文字反向排列；"垂直"可使文字呈垂直排列（见图 1–35）；

图 1–35　文字正常、颠倒、反向的效果展示

d."宽度因子"：设置字体的高度，当数值小于 1 时，文字将变得细长；当数值大于 1 时，文字将变得粗短；

e."倾斜角度"：当数值大于 0 时，文字呈角度倾斜排列。

③如修改文字样式，可选择要修改的文字样式，如选择图 1-36 中“样式 2”。根据要求，参照步骤 2，在“文字样式”对话框中修改各参数。

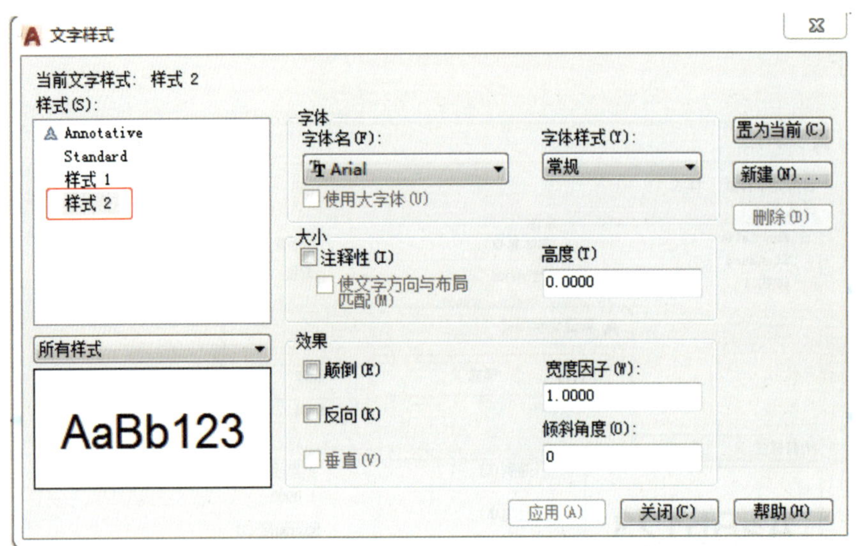

图 1-36 “样式 2”文字样式对话框

（2）文字注释：有“单行文字”和“多行文字”两种，“单行文字”适用于不需要多种字体或多行文字的内容，“多行文字”用于标注较为复杂的文字注释，如段落性文字。与单行文字不同，“多行文字”创建的文字包括多少行、多少段，AutoCAD 都将其作为一个独立的对象。

执行方式：快捷键；单击“注释命令面板”选择命令，或单击“注释”命令选项卡，选择命令项。

“单行文字（TEXT）”。单行文字（TEXT）命令执行步骤如图 1-37 所示。

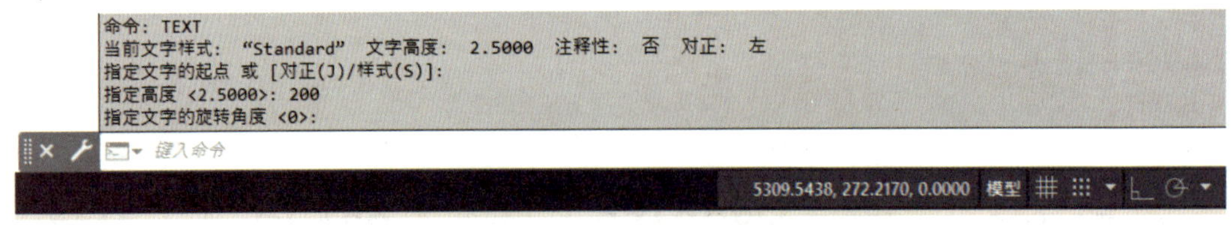

图 1-37 “单行文字（TEXT）”命令执行步骤

“指定文字起点”：文字的开始点；

“高度”：文本的字高；

“旋转角度”：文本旋转的角度；

“对正”：设置注释文字的对齐方式（见图 1-38）。AutoCAD 2022 版设有 15 种对正方式。

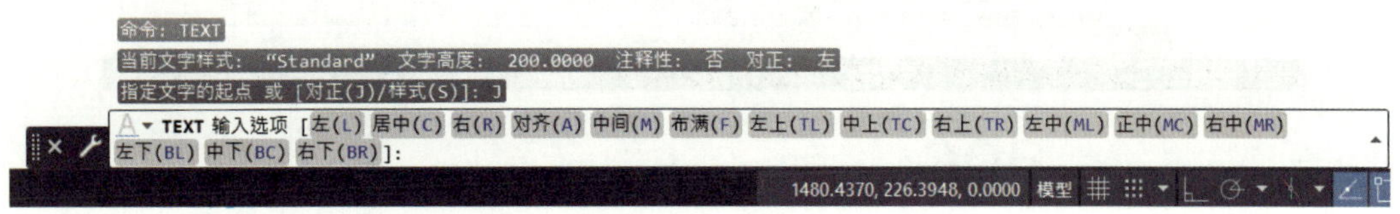

图 1–38 “单行文字（TEXT）”对正方式

①有“左、右、居中”“左上、中上、右上”“左中、正中、右中”“左下、中下、右下”四组对正方式，是针对文字起点为基准点的对正方式，如图 1–39 所示。

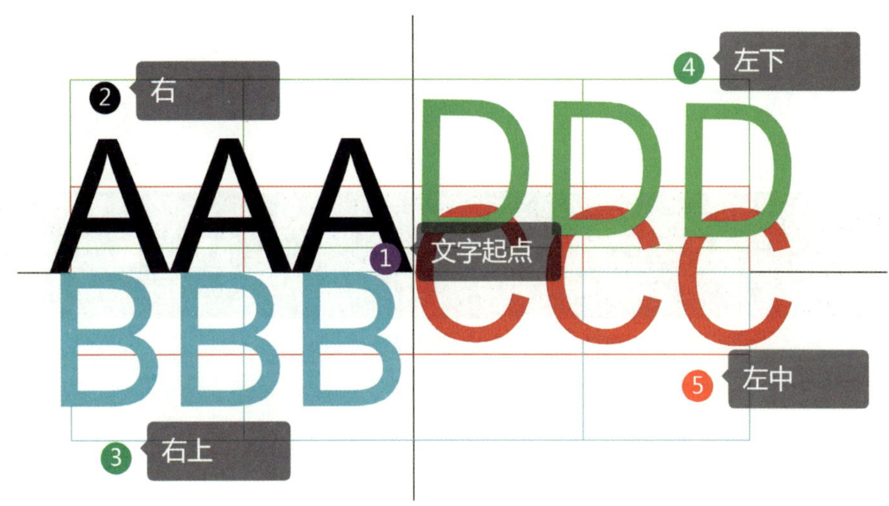

图 1–39 “单行文字”右、左下、左中、右上对正方式效果展示

②“对齐”“布满”是针对文本基线为文本界线的对正方式。

“对齐”输入文本基线的起点和终点后，注释文本将在文本基线上均匀排列，字高会根据文本的内容自动调整；

“布满”输入文本基线的起点和终点后，指定字高，注释文本将在文本基线上均匀排列，字符的宽度会根据文本的内容自动调整；

③“中间”指定文本起点，输入字高和旋转角度，注释文本将以此点作为中心点对正。

“多行文字（T）”。“多行文字（T）”命令执行步骤如图 1–40 所示。

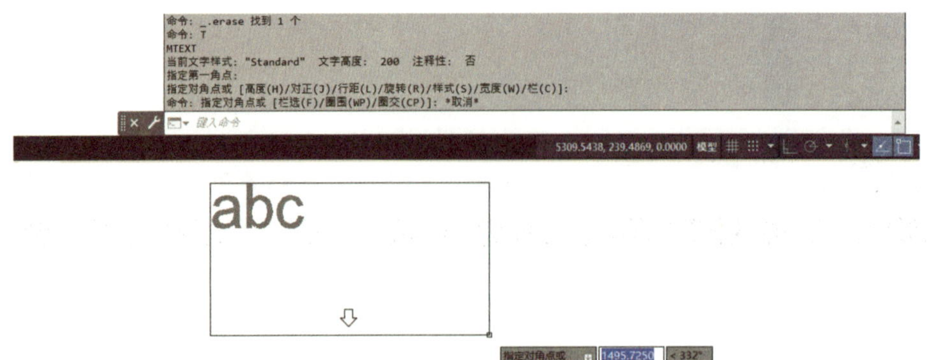

图 1-40 “多行文字（T）”命令执行步骤

执行命令后，根据命令行提示，确定段落文字的两个对角点，弹出“文字编辑器”对话框，通过字高、字体样式、字色、对齐方式等参数，对“多行文字”进行设置（见图 1-41）。

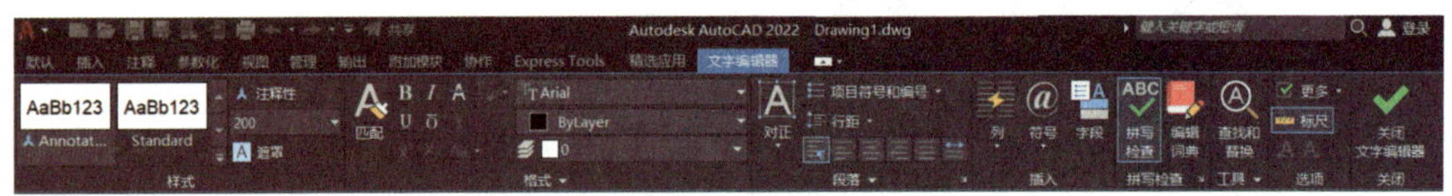

图 1-41 “文字编辑器”对话框

1.4.4 任务实施

1. 绘制厨房、卫生间、阳台布置中主要图例

1）绘制洗菜池

图形分析：洗菜池图例由矩形、圆角矩形、圆等基本图形组成（见图 1-42），图例的绘制步骤如表 1-22 所示。。

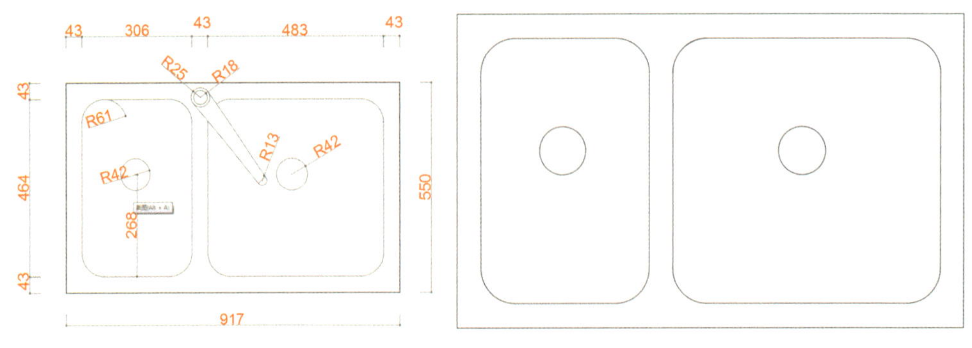

图 1-42 洗菜池图例 单位：mm

表 1-22　洗菜池图例绘制步骤

序号	操作步骤	图示
1	洗菜池边框 1. 矩形（REC）：917 mm × 550 mm 2. 分解（X）后，依次偏移（O） 3. 修剪（TR），完善洗菜池外形	
2	修饰洗菜双池： 1. 圆角（F）修饰洗菜双池外形 2. 圆（C），绘制下水孔，绘制水龙头 命令：圆（C）+ 直线（L）	
3	完善图例： 命令：修剪（TR）+DELETE 执行命令，完善洗菜池图例	

2）绘制燃气灶

图形分析：燃气灶图例由矩形、圆、椭圆等基本图形组成（见图 1-43）。表 1-23 所示为燃气灶图例绘制步骤。

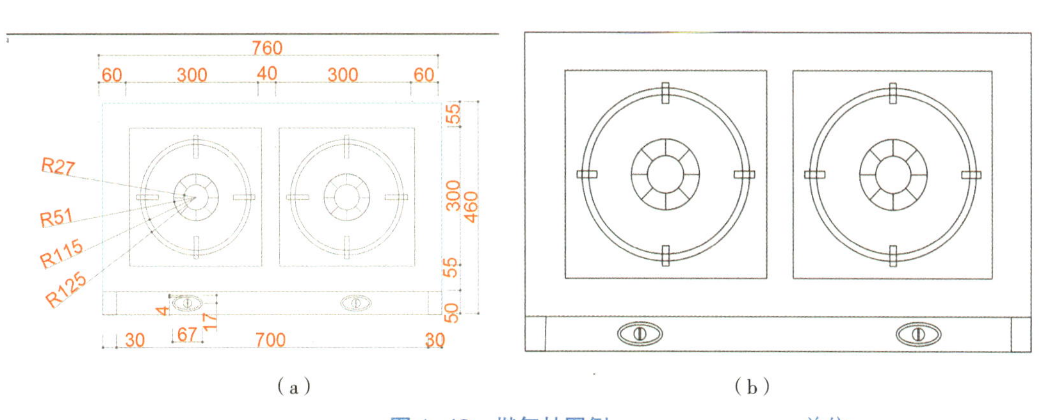

（a）　　（b）

图 1-43　燃气灶图例　　单位：mm

表 1-23　燃气灶图例绘制步骤

序号	操作步骤	图示
1	绘制燃气灶边框： 命令：直线（L）+ 偏移（O） 参照图 1-43 的尺寸，完成燃气灶雏形	
2	绘制燃气灶灶眼： 1. 直线（L），绘制辅助线 2. 圆（C），由内到外绘制半径分别为 27 mm/51 mm/115 mm/125 mm 的灶眼外形	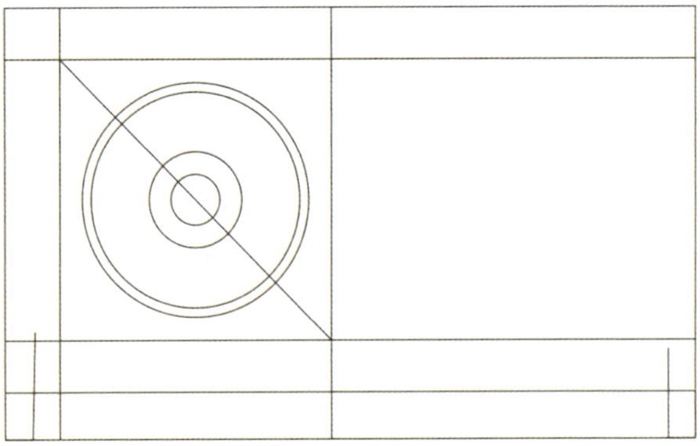
3	绘制燃气灶支架 + 灶眼： 以直线（L）+ 镜像（MI）+ 修剪（TR）完成绘制燃气灶其一支架和灶眼的部分装饰	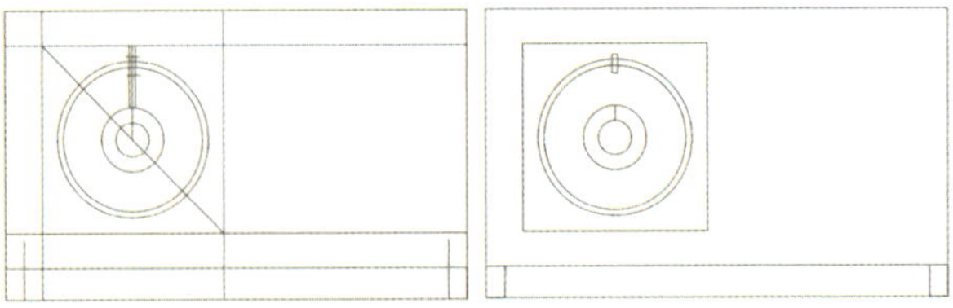

续表

序号	操作步骤	图示
4	完善绘制燃气灶支架、灶眼图例： 命令：阵列（AR），复选极轴阵列 绘制旋钮一图例： 命令：椭圆（PL）+ 圆（C）+ 直线（L） 完善图例： 命令：镜像（MI）	

3）绘制坐便器

图形分析：坐便器图例由圆角矩形、椭圆等基本图形组成（见图 1-44）。表 1-24 所示为坐便器图例的绘制步骤。

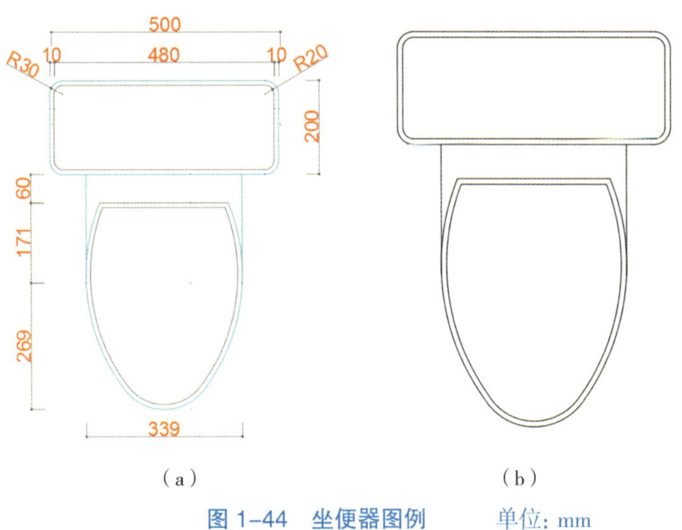

图 1-44　坐便器图例　　单位：mm

表 1–24　坐便器图例绘制步骤

序号	操作步骤	图示
1	绘制水箱： 命令：矩形（REC）+ 偏移（O）+ 圆角（F） 1. 绘制 500 mm × 200 mm 矩形框 2. 内偏移 10 mm 3. 内 / 外矩形框分别执行 R=20 mm 和 R=30 mm 倒圆角处理	
2	绘制马桶雏形： 命令：直线（L）+ 偏移（O）+ 椭圆（PL） 1. 参照所给尺寸，执行直线（L），绘制辅助线①；并依次偏移 60 mm/171 mm/269 mm，完成辅助线②③ 2. 参照以上步骤，执行直线（L）绘制纵向辅助线 3. 执行 PL 绘制半长轴 269 mm 和短轴长 339 mm 的椭圆，向内偏移 10 mm，完成坐便器雏形	
3	完善图块： 命令：修剪（TR）+DELETE 执行命令，完善坐便器图例	

4）绘制洗脸池

图形分析：洗脸池图例如图 1–45 所示。表 1–25 所示为洗脸池图例绘制步骤。

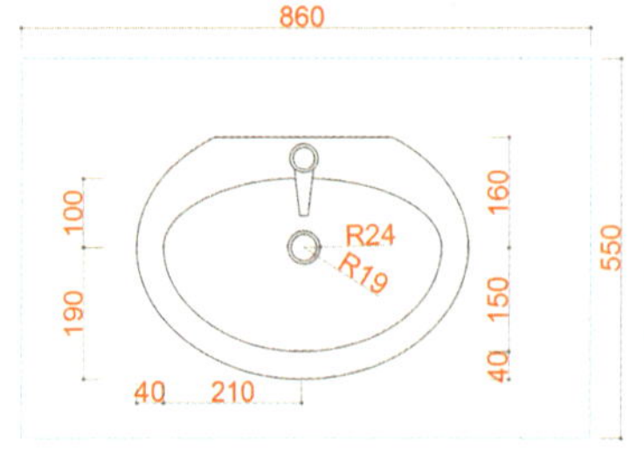

图 1–45　洗脸池图例　　单位：mm

表 1-25 洗脸池图例绘制步骤

序号	操作步骤	图示
1	绘制洗手台: 命令:矩形（REC）+直线（L）+椭圆（PL） 1. 绘制 550 mm×860 mm 矩形框 2. 直线连接对角作为辅助线 3. 以辅助线中点为中心点，由内到外依次绘制半轴长分别为（100 mm/210 mm，150 mm/210 mm，190 mm/250 mm）的椭圆	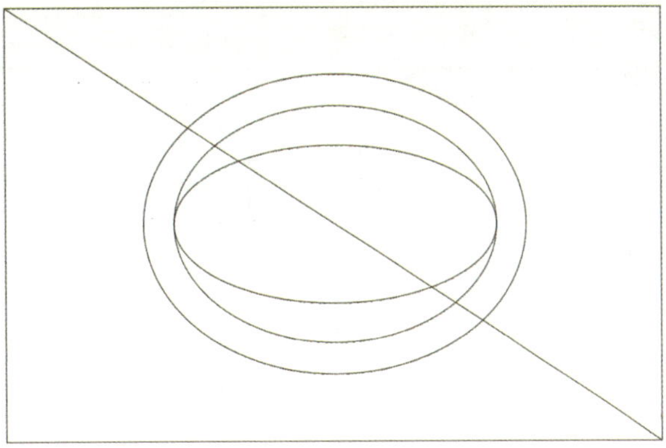
2	完善洗手池雏形: 命令：直线（L）+偏移（O）+修剪（TR） 1. 经过线①中点，绘制辅助线②；并执行偏移（O），距离 160 mm，绘制线③； 2. 执行修剪（TR），完善洗手池雏形	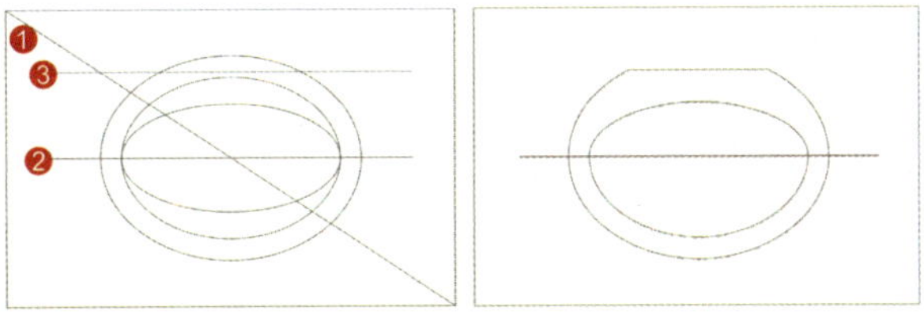
3	绘制水龙头和下水: 命令：圆（C）+直线（L）+镜像（MI） 参照数据，完成水龙头绘制	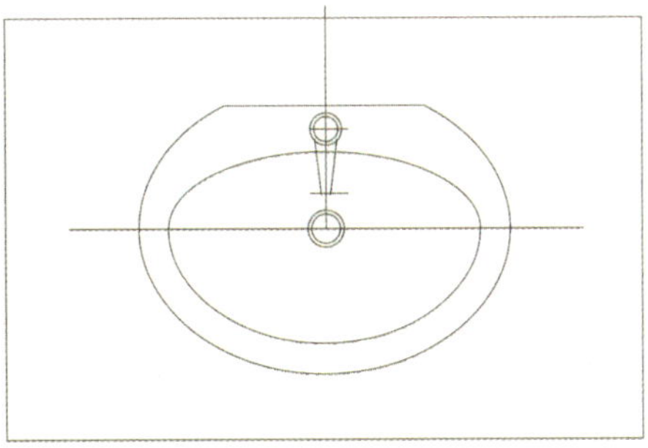
4	完善图例: 命令：修剪（TR）+DELETE 执行命令，完善洗手池图例	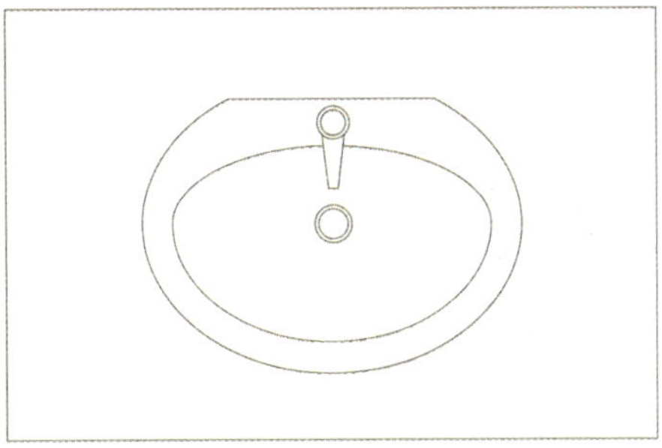

2. 厨房、卫生间、阳台区域绘制并布置

图 1–46 和图 1–47 所示分别为厨房、卫生间和阳台户型图例和平面布置图。

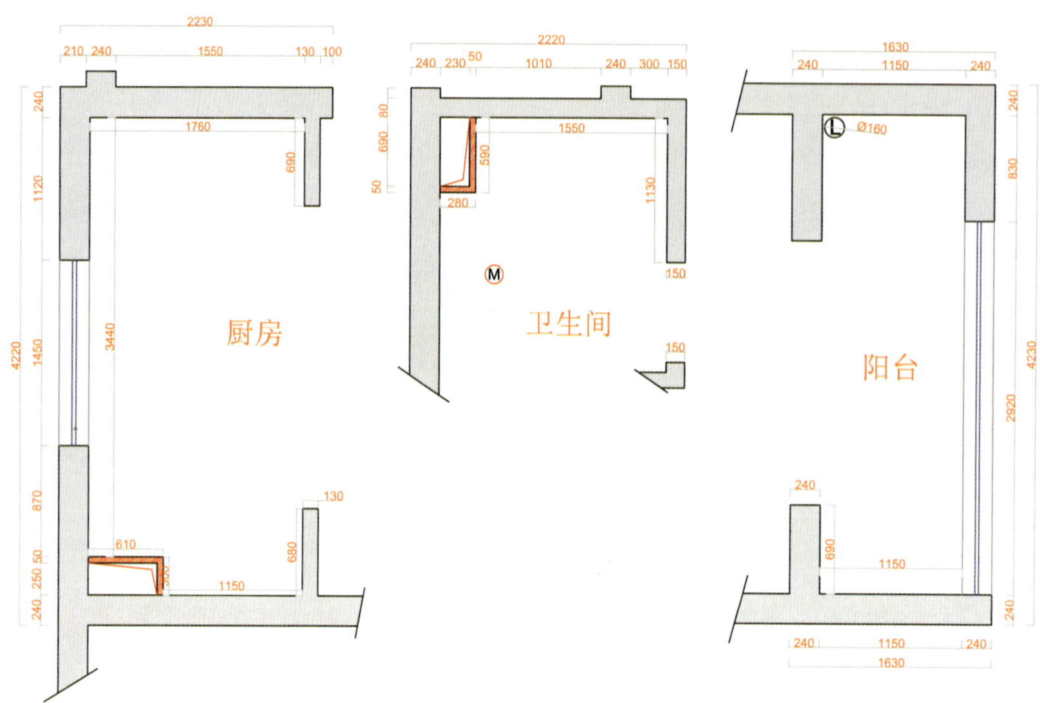

图 1–46　厨房、卫生间、阳台户型图　　　单位：mm

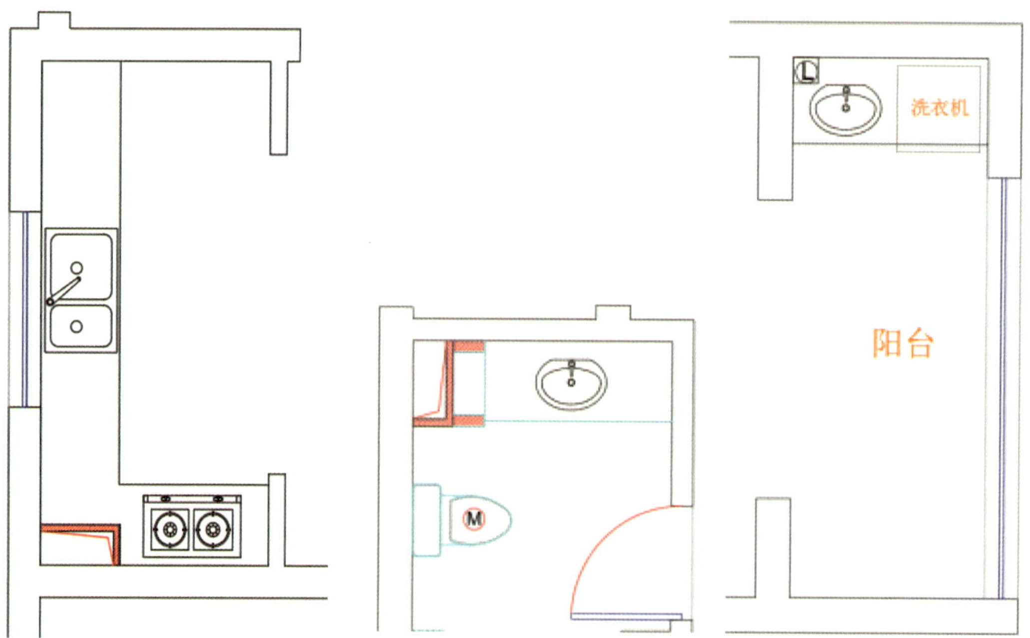

图 1–47　厨房、卫生间、阳台平面布置

图形分析：完成以上任务需：①根据所给功能区尺寸绘制厨房、卫生间、阳台功能区；②绘制灶台、洗脸台等区域；③插入已绘制的图例，布置厨房、卫生间、阳台功能区。

表 1-26 所示为厨房、卫生间和阳台布置的绘制步骤。

表 1-26　厨房、卫生间、阳台平面布置的绘制步骤

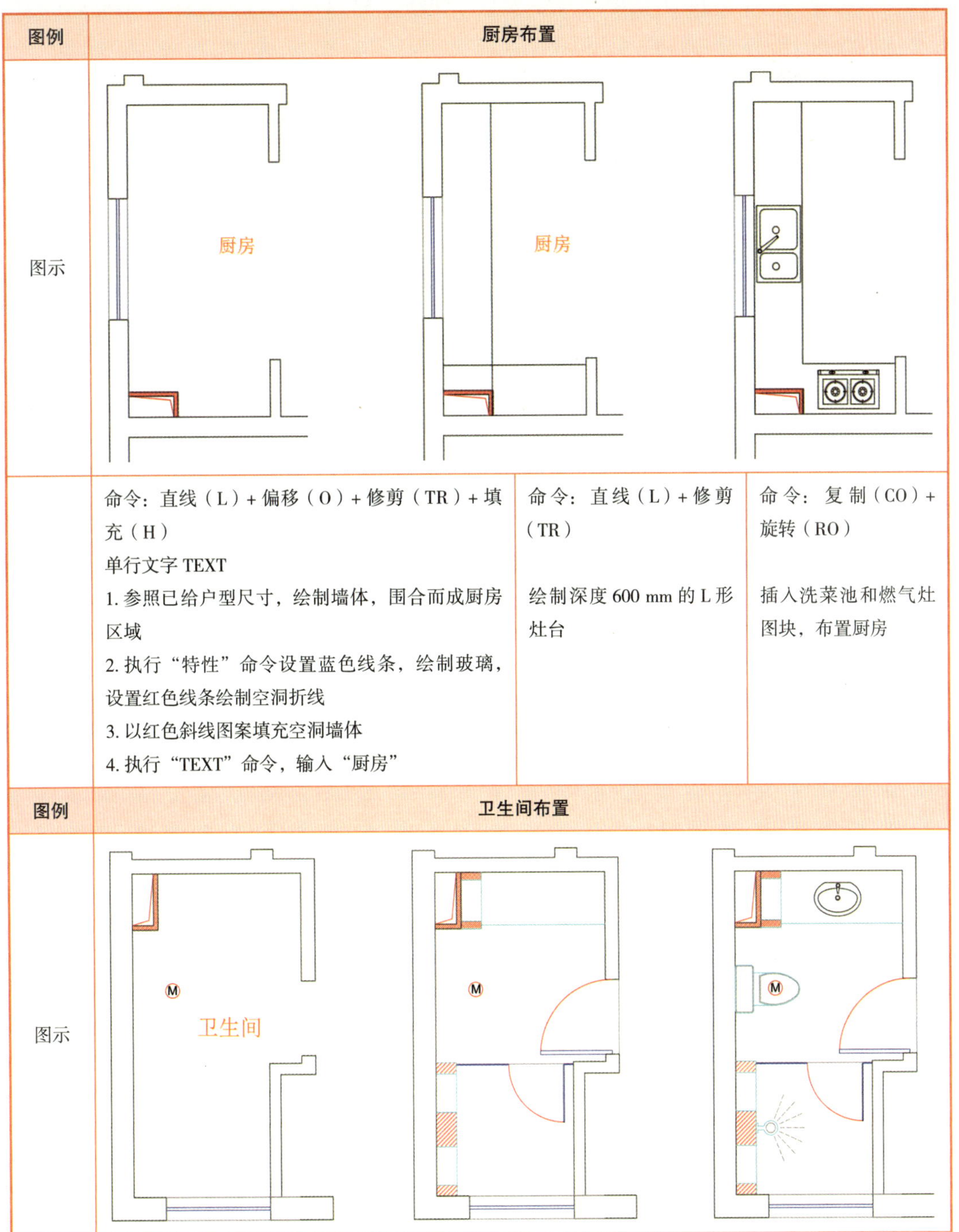

图例	厨房布置		
图示	厨房	厨房	
	命令：直线（L）+ 偏移（O）+ 修剪（TR）+ 填充（H） 单行文字 TEXT 1. 参照已给户型尺寸，绘制墙体，围合而成厨房区域 2. 执行“特性”命令设置蓝色线条，绘制玻璃，设置红色线条绘制空洞折线 3. 以红色斜线图案填充空洞墙体 4. 执行“TEXT”命令，输入“厨房”	命令：直线（L）+ 修剪（TR） 绘制深度 600 mm 的 L 形灶台	命令：复制（CO）+ 旋转（RO） 插入洗菜池和燃气灶图块，布置厨房
图例	卫生间布置		
图示	M 卫生间	M	M

续表

简要步骤	命令：直线（L）+ 修剪（TR）+ 填充（H） 1. 参照已给出的户型尺寸，绘制厨房区域 2. 执行“特性”命令，设置红色线条，绘制空洞折线，斜线图案填充空洞墙体 3. 执行“TEXT”命令，输入“卫生间”及“M”，完善马桶位图例	命令：直线（L）+ 圆弧（REC）+ 修剪（TR）+ 填充（H） 绘制门、洗脸台和开放格，通过“特性”命令项设置线色	命令：复制（CO）+ 旋转（RO） 插入坐便器和洗脸池图块，布置卫生间
图例	**阳台布置**		
图示	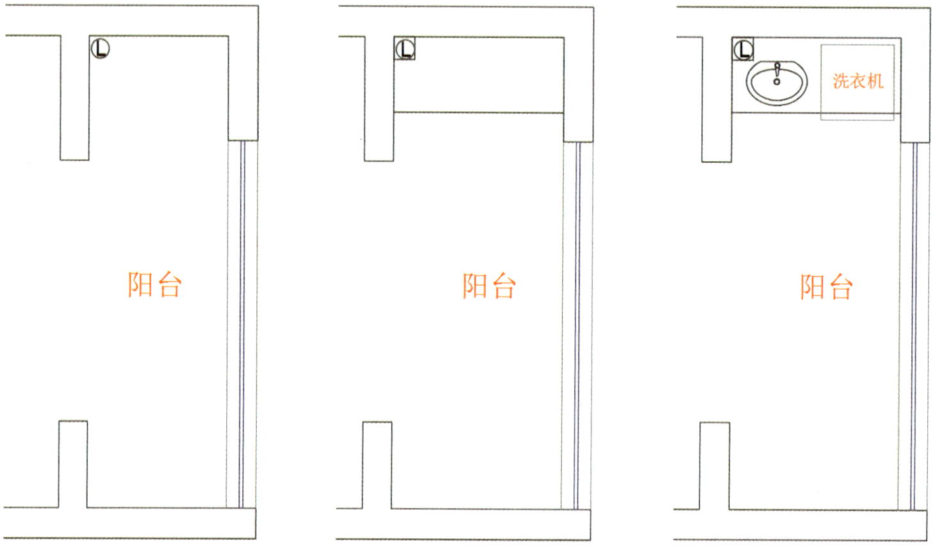 L 阳台	L 阳台	L 洗衣机 阳台
简要步骤	命令：直线（L）+ 偏移（O）+ 修剪（TR）+ 圆（C） 1. 参照已给出的户型尺寸，绘制阳台区域 2. 通过“特性”命令设置蓝色线条，绘制玻璃 3. 执行“圆”命令，绘制立管 4. 执行“TEXT”命令，输入“卫生间”及“L”，完善立管图例	命令：直线 L 绘制深度 600 mm 的洗脸台	命令：矩形（REC）+ 复制（CO）+ 旋转（RO） 绘制 600 mm × 600 mm 洗衣机，插入洗脸池图块，布置阳台

1.4.5 举一反三：卫生间再布置——定制洗脸柜

图 1-48 所示为卫生间户型尺寸和平面布置图。表 1-27 所示为洗手池图例绘制步骤。表 1-28 所示为镜框 + 洗脸柜定制的卫生间平面布置步骤。

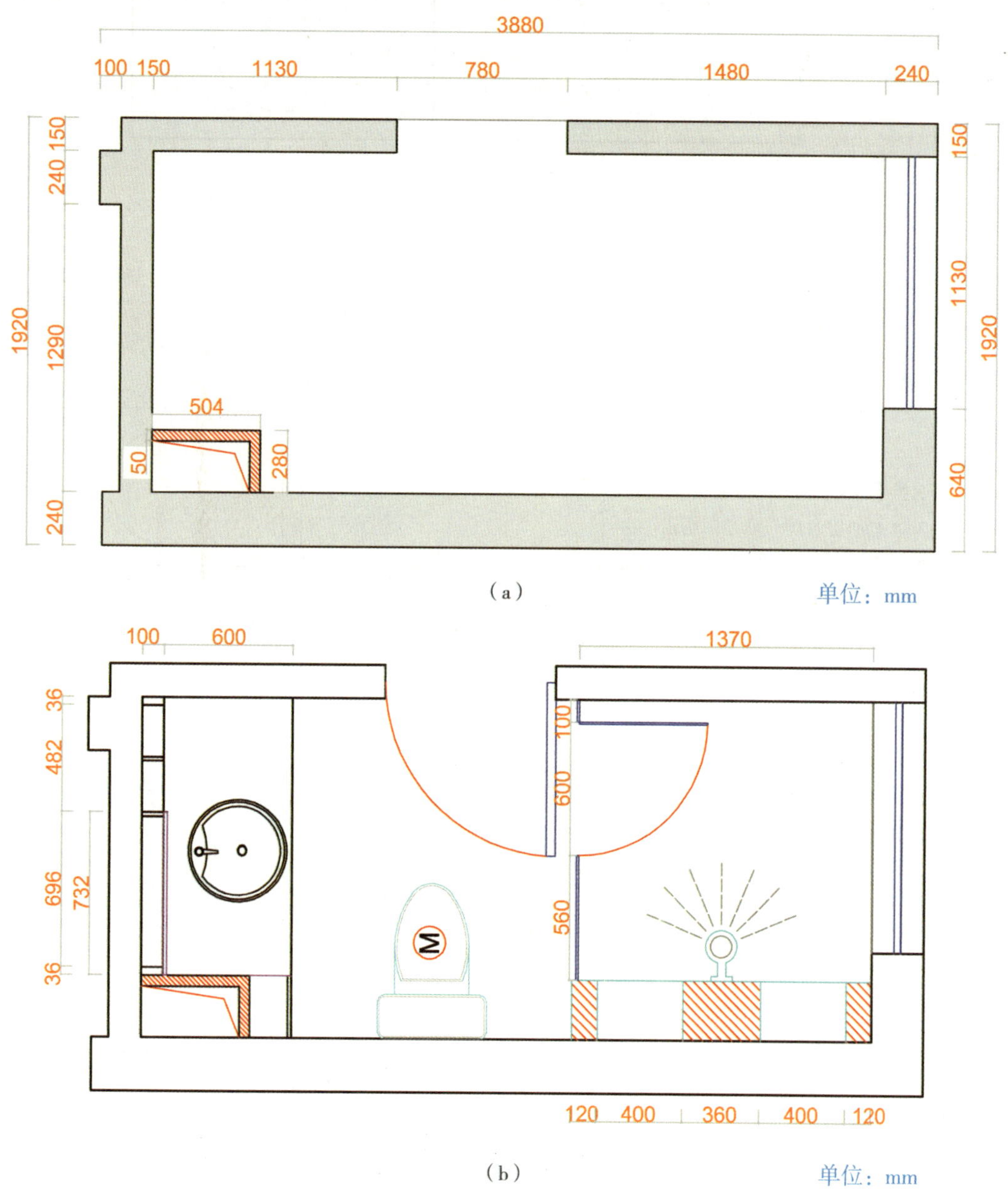

图 1-48　卫生间户型尺寸图及平面布置图

表 1-27　洗手池图例绘制步骤　　单位：mm

图例	圆形洗手池	
图形分析	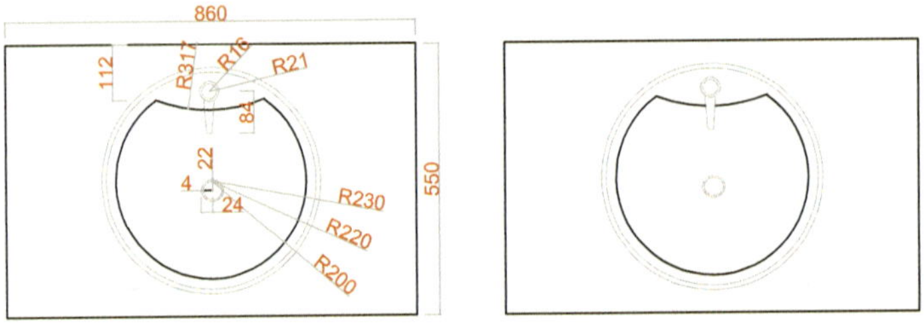 单位：mm 图形分析：洗手池外轮廓由不同直径的圆绘制而成；中间为下水处，由半轴长分别为 24 mm 的椭圆一和由椭圆一内偏移 4 mm、半轴长 22 mm 的椭圆二组成；水龙头由圆和近似梯形的图形组成 命令：矩形（REC）、圆（C）、偏移、圆弧（REC）、修剪（TR）、椭圆（EL）、直线（L）、镜像（MI）	
序号	**简要步骤**	**图示**
1	绘制洗手台： 命令：矩形（REC）+ 圆（C） 1. 绘制 860 mm × 550 mm 矩形框 2. 通过捕捉参照线确定圆心点，由内到外绘制半径分别为 200 mm、220 mm、230 mm 的圆	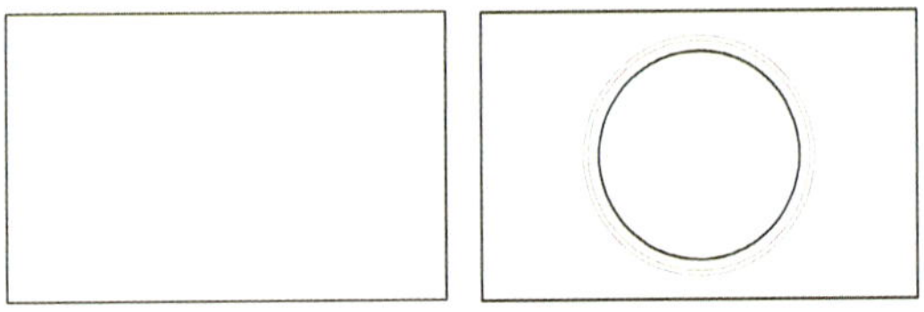
2	绘制洗手池和水龙头： 命令：直线（L）+ 圆弧（REC）+ 椭圆（EL）+ 圆（C）+ 镜像（MI） 1. 绘制距上线为 112 mm 的辅助线，完成 R=317 mm 的圆弧 2. 绘制半轴长为 24 mm，22 mm 的椭圆一和此椭圆内偏移 4 mm 绘制的椭圆二组成的下水 3. 执行圆（C）+ 直线（L）+ 镜像（MI），参照数据，完成水龙头绘制	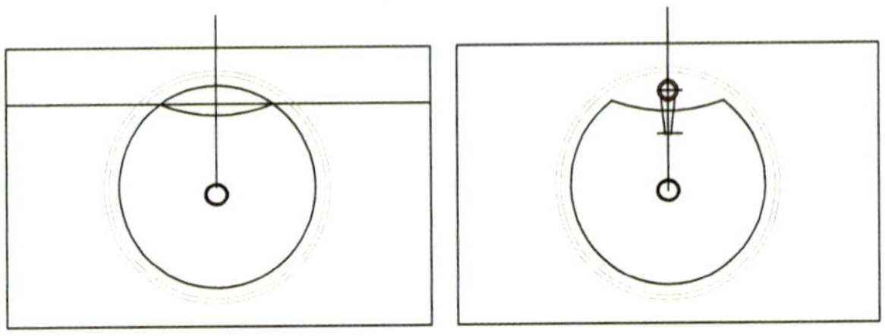
3	完善洗手池： 命令：修剪（TR） 完善洗手池图例	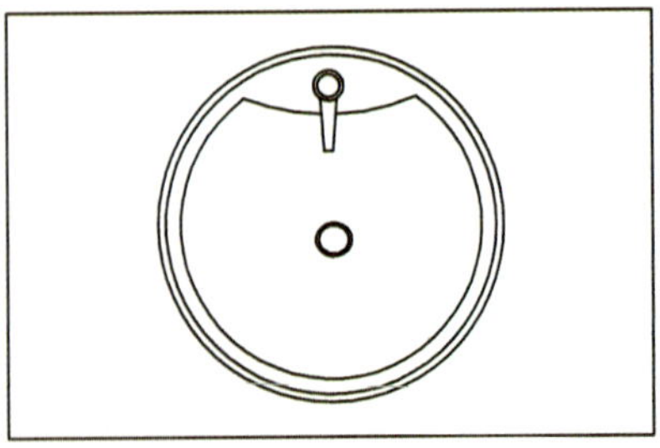

表 1–28 镜柜＋洗脸柜定制的卫生间平面布置步骤　　单位：mm

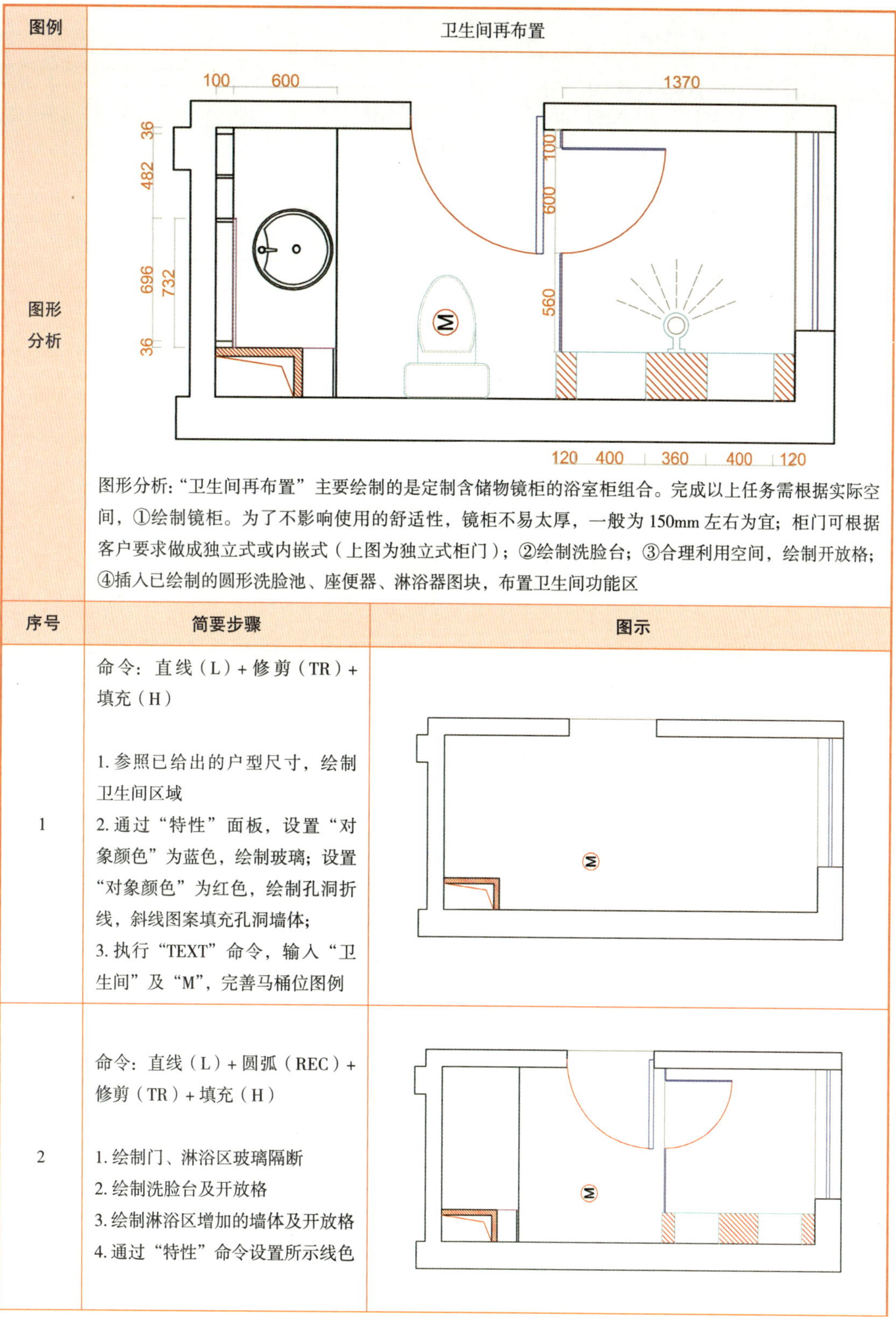

图例	卫生间再布置	
图形分析	图形分析：“卫生间再布置”主要绘制的是定制含储物镜柜的浴室柜组合。完成以上任务需根据实际空间，①绘制镜柜。为了不影响使用的舒适性，镜柜不易太厚，一般为 150mm 左右为宜；柜门可根据客户要求做成独立式或内嵌式（上图为独立式柜门）；②绘制洗脸台；③合理利用空间，绘制开放格；④插入已绘制的圆形洗脸池、座便器、淋浴器图块，布置卫生间功能区	
序号	简要步骤	图示
1	命令：直线（L）＋修剪（TR）＋填充（H） 1. 参照已给出的户型尺寸，绘制卫生间区域 2. 通过“特性”面板，设置“对象颜色”为蓝色，绘制玻璃；设置“对象颜色”为红色，绘制孔洞折线，斜线图案填充孔洞墙体； 3. 执行“TEXT”命令，输入“卫生间”及“M”，完善马桶位图例	M
2	命令：直线（L）＋圆弧（REC）＋修剪（TR）＋填充（H） 1. 绘制门、淋浴区玻璃隔断 2. 绘制洗脸台及开放格 3. 绘制淋浴区增加的墙体及开放格 4. 通过“特性”命令设置所示线色	M

续表

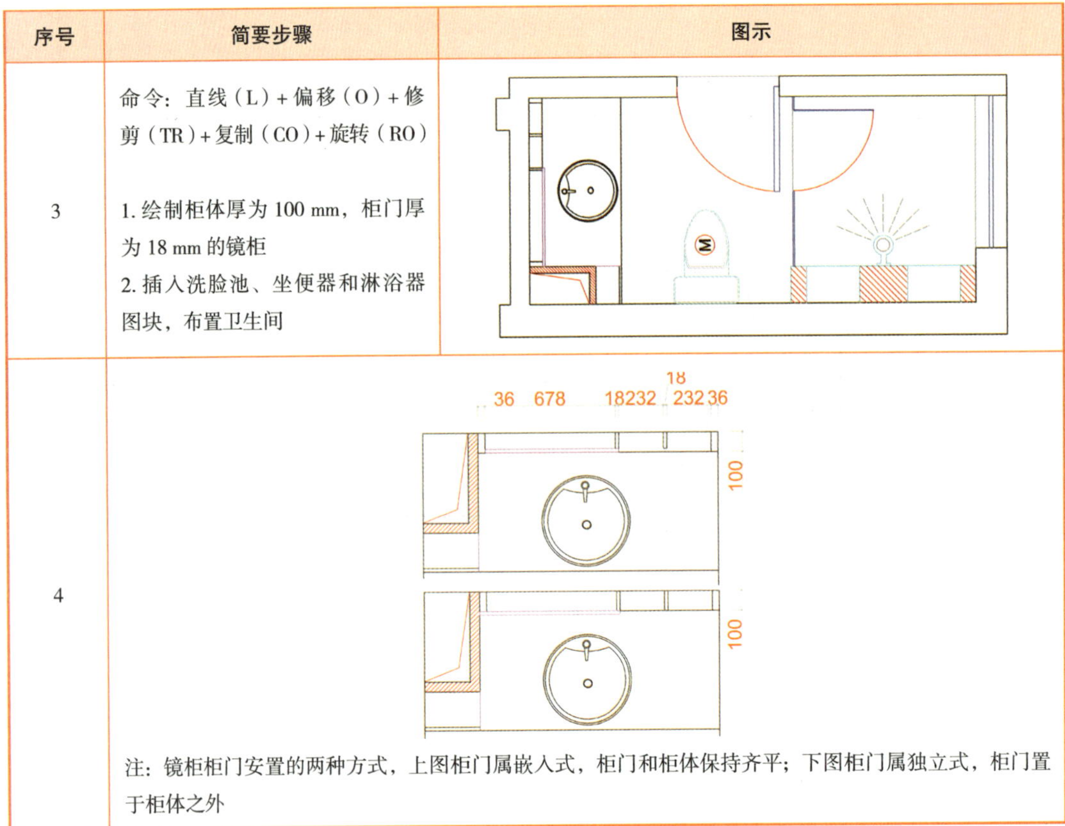

序号	简要步骤	图示
3	命令：直线（L）+ 偏移（O）+ 修剪（TR）+ 复制（CO）+ 旋转（RO） 1. 绘制柜体厚为 100 mm，柜门厚为 18 mm 的镜柜 2. 插入洗脸池、坐便器和淋浴器图块，布置卫生间	
4	注：镜柜柜门安置的两种方式，上图柜门属嵌入式，柜门和柜体保持齐平；下图柜门属独立式，柜门置于柜体之外	

1.4.6 任务实施效果评价及反思改进

表 1–29 所示为任务实施效果及反思改进报告单。

表 1–29　任务实施效果评价及反思改进报告单

项目名称	单项功能区平面布置			
学习任务				
任务实施	序号	典型工作环节	实施效果	评价
	1			
	2			
	3			
反思改进				

阶段综合实训 一居室布置，满足生活所需

1. 任务描述

一居室平面布置图例如图 1–49 所示。

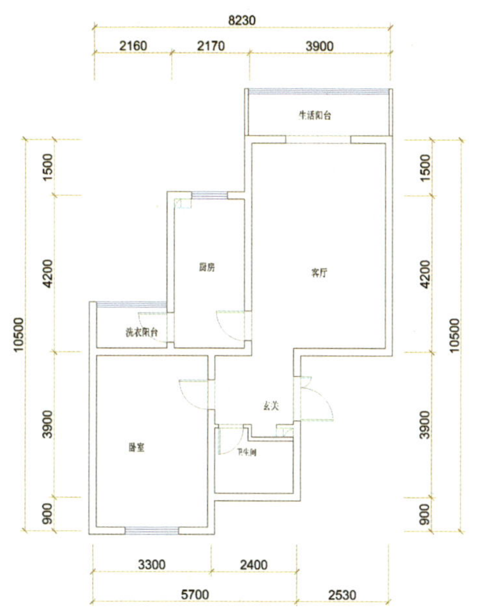

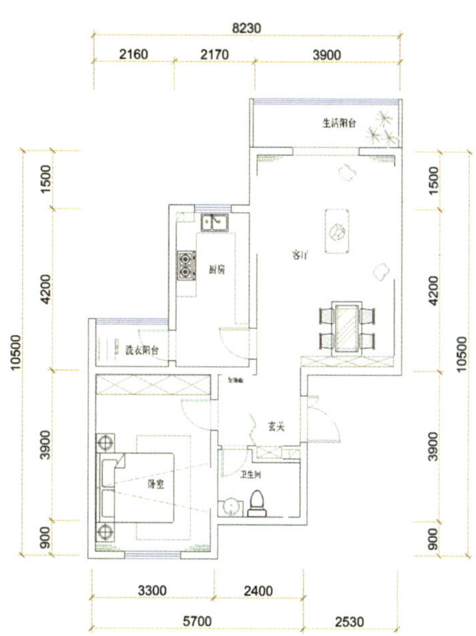

图 1–49 一居室平面布置图例 单位：mm

绘制一居室户型，并综合运用前面学习的三个任务相关知识，举一反三，完成一居室平面布置。

2. 相关知识

1）多线（ML）

操作方法：执行快捷键“ML”命令

多线命令可以实现多条相互平行的直线同时绘制，默认样式为两根平行线，设计师常使用此命令绘制墙体（见图 1–50）。

命令：ML

MLINE

当前设置：对正 = 上，比例 = 20.00，样式 = STANDARD

指定起点或 [对正（J）/ 比例（S）/ 样式（ST）]：S

输入多线比例 <20.00>：240

当前设置：对正 = 上，比例 = 240.00，样式 = STANDARD

指定起点或 [对正（J）/ 比例（S）/ 样式（ST）]：（第 1 点）

指定下一点：（第 2 点）

指定下一点或 [放弃（U）]：（第 3 点）

指定下一点或 [闭合（C）/ 放弃（U）]：（第 4 点）

指定下一点或 [闭合（C）/ 放弃（U）]：*取消*

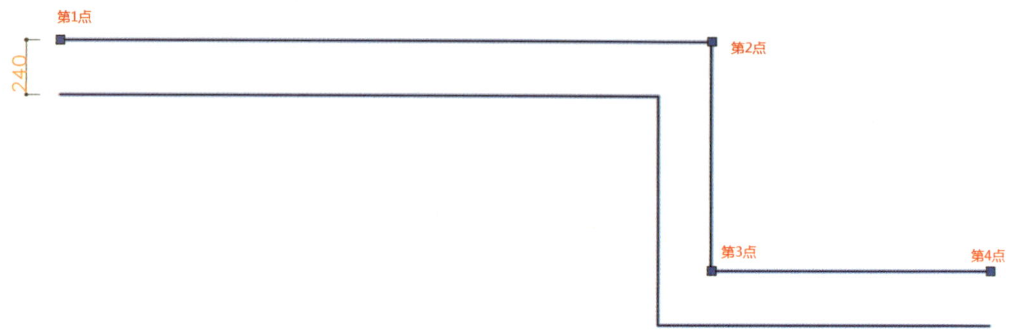

图 1–50　执行“多线（ML）”命令的绘制步骤图示

选项说明：

“对正”：设有 3 种对正方式，分别为“上”“无”“下”（见图 1–51）。

图 1–51　“多线”命令中“上”“无”“下”对正方式的效果

“比例”：是指平行的两条直线之间的距离。

2）样条曲线（SPL）

操作方法：执行快捷键“SPL”命令，或单击“绘图”命令面板，选择命令绘制样条曲线，如图 1–52 所示。

命令：SPL

SPLINE

当前设置：方式 = 拟合　节点 = 弦

指定第一个点或 [方式（M）/ 节点（K）/ 对象（O）]：　　（点 1）

输入下一个点或 [起点切向（T）/ 公差（L）]：　　（点 2）

输入下一个点或 [端点相切（T）/ 公差（L）/ 放弃（U）]：　　（点 3）

输入下一个点或 [端点相切（T）/ 公差（L）/ 放弃（U）/ 闭合（C）]：　　（点 4）

输入下一个点或 [端点相切（T）/ 公差（L）/ 放弃（U）/ 闭合（C）]：

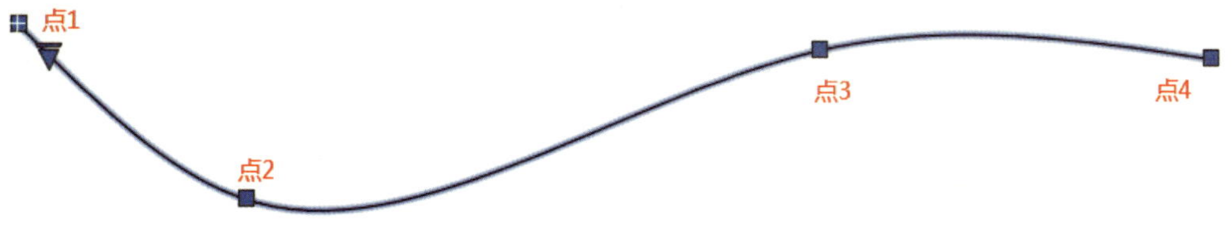

图 1–52　执行“样条曲线（SPL）”命令的绘制步骤图示

选项说明：

“起点切向”：是指用户定义样条曲线的第一点和最后一点的切向。

“闭合”：是指用户定义样条曲线的最后一点和第一点的连接，使曲线闭合。

3. 任务实施

表 1–30 所示为一居室平面布置图绘制步骤。

表 1–30　一居室平面布置图绘制步骤

序号	简要步骤	图示
1	1. 命令：直线（L）+ 偏移（O） 绘制轴网 2. 命令：多线（ML） 根据户型绘制墙体	

续表

序号	简要步骤	图示
2	3. 命令：修剪（TR）+ 合并（J） 整修一居室户型结构 4. 命令：直线（L）+ 偏移（O） 绘制窗户 5. 命令：矩形（REC）+ 圆弧（A） 绘制门 6. 命令：单行文字（TEXT） 输入文字（功能区名称）	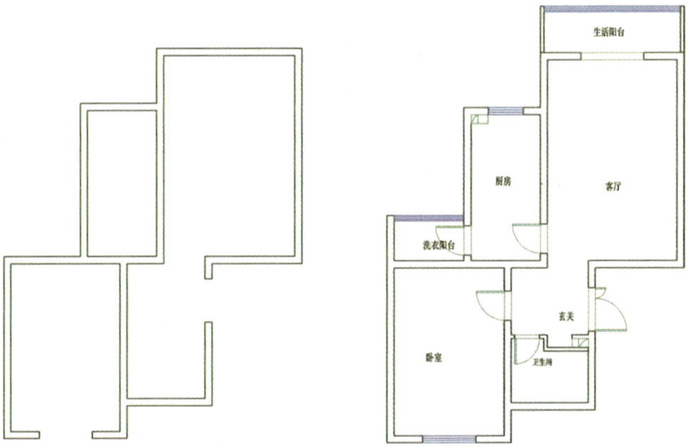 生活阳台 厨房 客厅 洗衣阳台 玄关 卧室 卫生间
3	7. 命令：复制可用快捷键（Ctrl+C） 粘贴可用快捷键（Ctrl+V） 复制之前绘制图例：床、沙发、餐桌、洗手池、洗菜池、燃气灶 8. 综合运用各种工具，完成其他生活必要家具的绘制。绘制柜体：衣柜（柜深 600 mm）、电视柜（柜深 450 mm）、鞋柜（柜深 340 mm）、橱柜（柜深 550 mm）、餐边柜（柜深 300 mm） 9. 绘制家电和五金：冰箱（550 mm × 600 mm）、洗衣机（600 mm × 600 mm）、淋浴花洒 10. 完善装饰：装饰画（厚 40 mm）、绘制绿植、窗帘（样条曲线） 11. 命令：复制（CO）+ 旋转（RO）+ 移动（M）+ 镜像（MI） 完成一居室布置	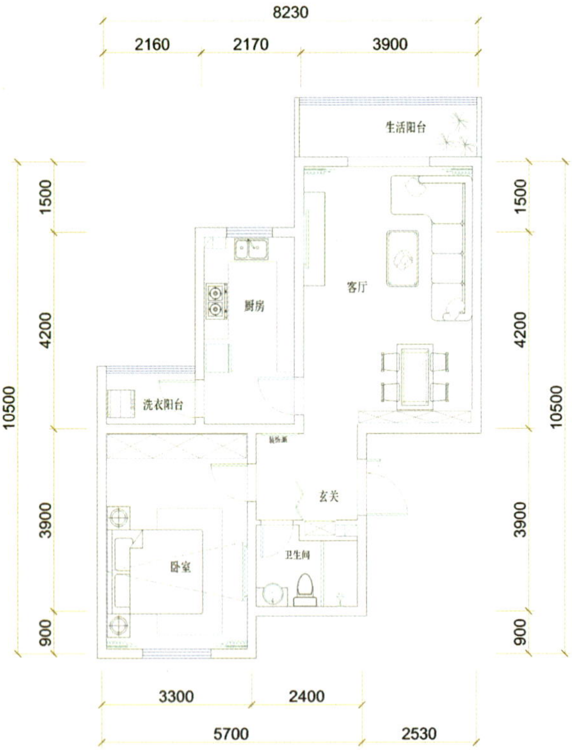 8230 2160 2170 3900 生活阳台 1500 4200 3900 900 10500 厨房 客厅 洗衣阳台 玄关 卧室 卫生间 3300 2400 5700 2530

项目 2　室内原始结构的测量与表达

◆项目概述

完成原始户型结构数据测量及记录，并实现手绘草稿到AutoCAD 辅助设计操作。

◆知识和能力目标

掌握原始结构数据测量及记录的要求和方法，掌握 AutoCAD 软件辅助绘制过程中所需命令及各种子命令的使用方法和技巧；熟练使用各种命令的快捷方式。

熟练运用 AutoCAD 表达原始结构测量图和二居室平面布置图。

◆思政目标

在解决测量问题、绘制图纸的的过程中，培养学生的责任意识和创新意识，培养艰苦奋斗、吃苦耐劳的作风和解决实际问题的能力。

任务 2.1 原始建筑结构的测量与绘制

家居空间无论是毛坯房还是简装房，在进行装修或二次装修前，都需要对原始建筑结构进行测量，俗称量房。通过量房可以确定室内空间原始结构、设施及管道的准确尺寸，进而确保绘图的准确性、预算的相对准确性、施工的准确性。

2.1.1 任务描述

（1）收集客户相关信息。

（2）对“三居室毛坯房”原始建筑结构进行测量，并手绘量房图。

2.1.2 任务分析

要完成上述工作任务，需要了解施工项目信息收集的内容，并具备实地测量的基础，掌握家居空间数据采集方法及手绘原始结构图的快速表达方法。

2.1.3 相关知识

1. 施工项目信息收集

作为设计师应对客户有一个非常全面的认识，这样做出来的设计才能最大限度满足客户的需求，提高签约成功率。在收录客户需求时，一定也要标明客户不需要的，忌讳的等。可参照表 2-1 进行信息收集：一是客户对房屋空间的装修要求，另一是客户家庭成员的个性需求表。

表 2-1　施工项目信息收集样表

量房信息登记表（样表）							
空间	**部位**	**改电项目**	**地面铺设**	**顶面方案**	**墙面色彩**	**装修项目**	**补充**
公共空间	玄关		实木地板	有梁 做吊顶	白色 乳胶漆	鞋柜	利用率高
	客厅	电视用插座上移		四周吊顶做灯光特效	可贴壁纸或其他	造型电视墙	温馨、大气
	餐厅						
私密空间	主卧	双控开关	实木地板	压石膏线	可贴壁纸或其他		
备注：其他没做要求的功能区域，可自由发挥							

家庭成员个性需求登记表（样表）			
家庭成员	**基本情况**		**设计时个性需求**
男主人	年龄	35 岁	喜欢传统文化，喜收藏 希望品位高一些 藏书较多，希望有一个大的书柜
	职业	大学教师	
	其他		
女主人	年龄	34 岁	喜静，装修风格一定要温馨、实用 次卧做成儿童房 客厅可考虑亲子阅读区
	职业	中学教师	
	其他		
孩子	年龄	8 岁男孩	喜欢画画，希望有自己的展示空间
老人		偶尔住	

2. 测量五步法

1）看布局

了解房屋相关信息，主要收集四个信息，分别是房屋的所在位置、朝向、采光以及具体格局，完成户型图的绘制。

2）测数据

测量工具：钢卷尺、红外线测距仪。目前常用的工具是红外线测距仪，但是小的细节部分测量还需要使用钢卷尺。

测量顺序：选择室内空间中任意一点为起点，开始顺时针或者逆时针测量，直到回到测量的起始点。

测量方法：坚持“就近原则”。测量时，以测量的人更容易查看数据为标准。比如，测量层高，个子比较矮小的人可从上往下进行测量，反之，可从下往上进行测量，以方便查看最终数据为宜。在采集建筑结构和附属设施的定位尺寸时，测量距离就近墙体的数据，以此定位。

测量的部位：层高、墙体、门（垭口）、窗、梁、柱这些主要建筑构件的长、宽（厚）、高之类定形尺寸和必要的定位尺寸（见图 2-1~ 图 2-5）。

图 2-1　测量层高

图 2-2　测量梁宽

图 2-3　测量窗高

图 2-4　测量台下

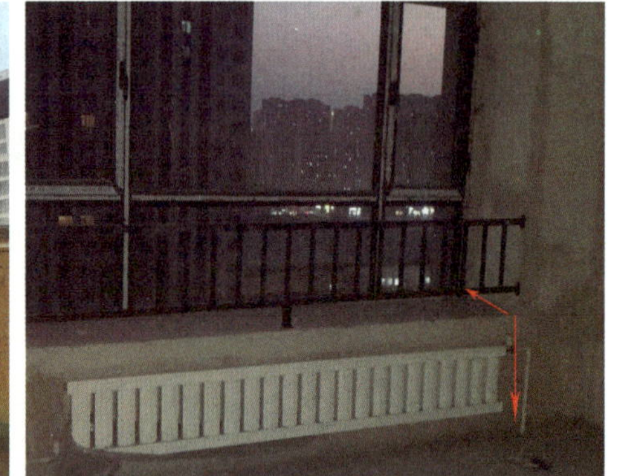

图 2-5　测量飘窗的深度及台下

3）标记附属设施

对附属设施，主要记录其位置及定形定位尺寸，包括以下部位：煤气、烟道（通风管道）、上下水位、立管、地暖分水器、马桶孔位、强弱电箱位等（见图 2-6~ 图 2-13），除此之外，在今后的工作中可能还会涉及挂暖位或空调孔位等。

图 2-6　燃气嘴

图 2-7　通风管道

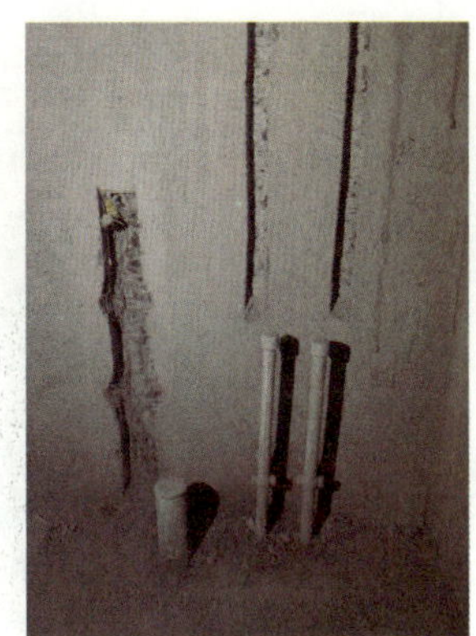
图 2-8　上下水

图 2-9　立管

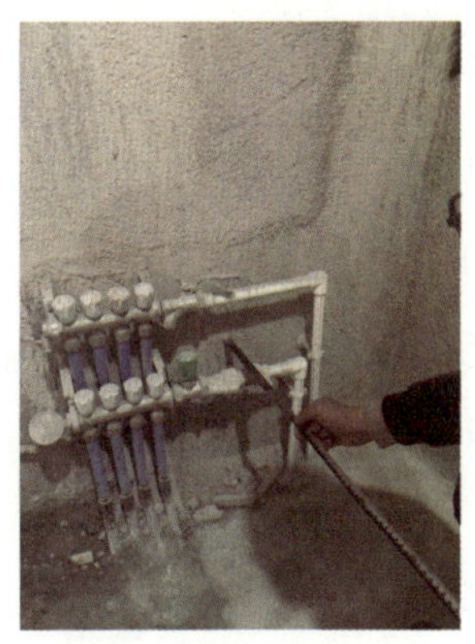
图 2-10　暖气分水阀

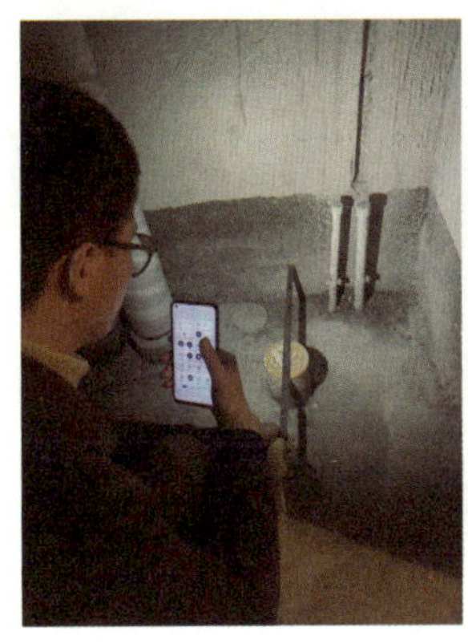
（a）

（b）

图 2-11　马桶位定位尺寸

图 2-12　强电箱

图 2-13　弱电箱

4）四拍视频

用手机将户型的全貌和细节都拍摄成视频和照片留底。这个步骤非常重要，保留原始户型图片是为了方便在后期设计时进行对照和查看。

5）复检

复检即再次审核、校对图纸数据。在测量完毕后应严格地进行一次数据检查，查漏补缺，确保户型结构绘制的准确以及测量数据的完整和准确无误。

2.1.4 任务实施

1. 施工项目信息收集

施工项目信息收集如表 2-2 所示。

表 2-2　施工项目信息收集

量房信息登记表							
空间	部位	改电项目	地面铺设	顶面方案	墙面色彩	装修项目	补充
公共空间	玄关	双控开关	地板砖	有梁做吊顶	白色乳胶漆	鞋柜	利用率高
	客厅		地板砖	四周吊顶	可贴壁纸或其他	造型电视墙	温馨、大气
	厨房		地板砖			拆除与阳台的隔墙	
私密空间	卧室	双控开关	地板砖	压石膏线	可贴壁纸或其他		
备注：其他没做要求的功能区域，可自由发挥							

续表

家庭成员个性需求登记表			
家庭成员	基本情况		设计时个性需求
男主人	年龄	36 岁	储物功能强，简约时尚
	职业	私企经理	
	其他		
女主人	年龄	34 岁	喜静，装修风格一定要温馨、实用 儿童房做踏踏米
	职业	医生	
	其他		
孩 子	年龄	6 岁女孩	喜欢画画

2. 手绘户型图

手绘户型如图 2-14 所示。

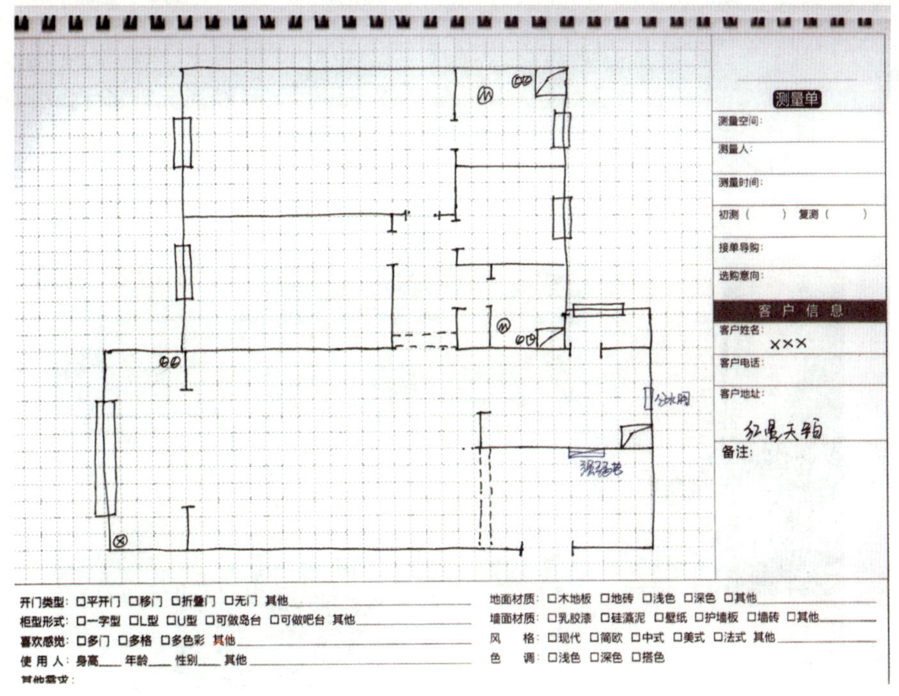

图 2-14 户型采集

为了节省时间，用“T”型线表示墙体，水平短线表示墙厚，垂直竖线表示墙体；采用虚线段表示原始结构梁；用一些便于识别的图例标注马桶位、立管、强弱电箱、地暖分水阀、烟道等其他设施的位置。

3. 测量数据收集

测量过程最好由两人搭档完成，一人主要负责测量，另一人负责记录。在完成户型绘制的基础上，在房屋中的任选一点开始转圈测量，一般可选择从入户门开始测量。图 2–15 所示为起点——入户门，向右依次测量（图中 1~4 完成了门厅区域的墙体测量，5~11 是厨房部分墙体的测量）。图 2–16 所示为“转圈测量”的依次测量顺序和记录的数据。

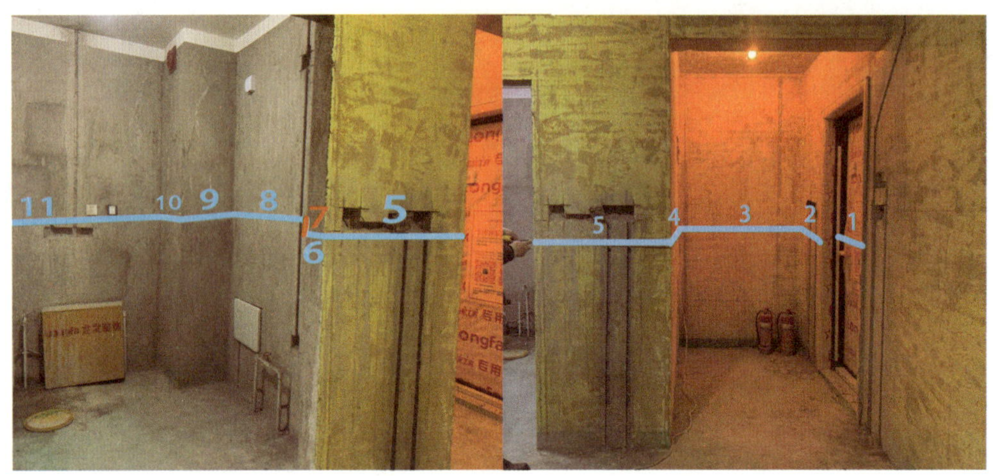

图 2–15 “转圈测量”的依次测量步骤

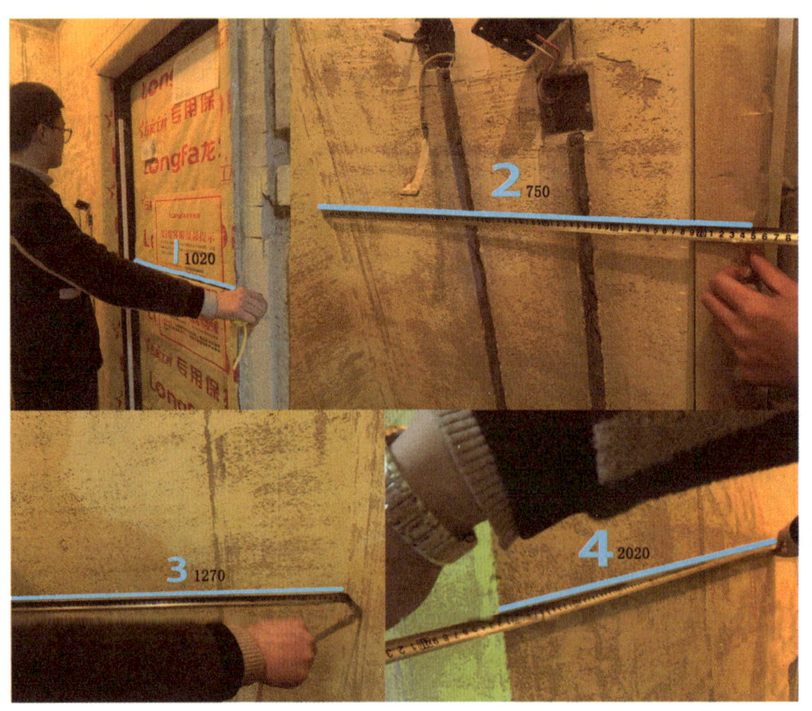

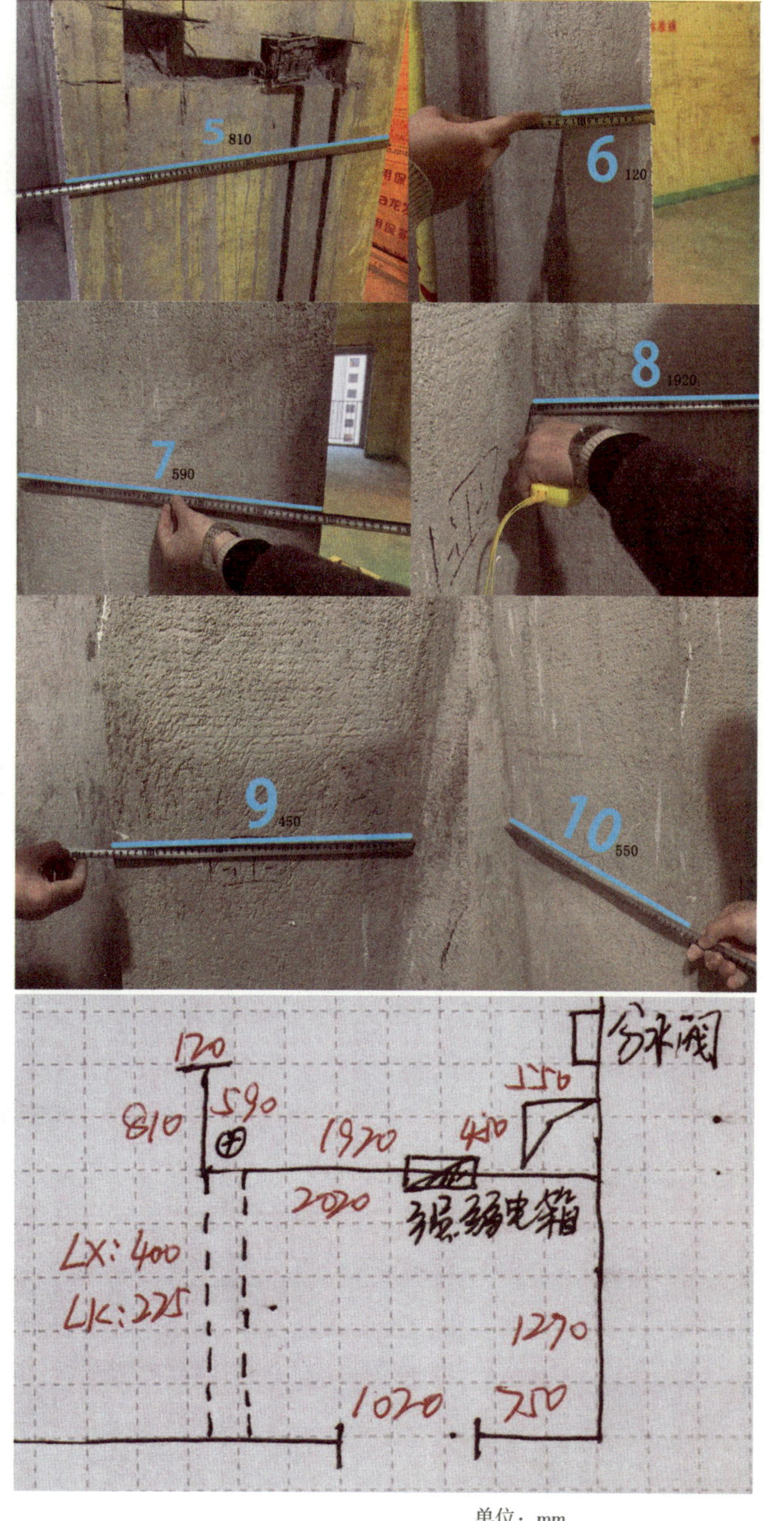

单位：mm

图 2-16 “转圈测量”的依次测量的次序和记录的数据

在手绘户型图时，建议将画图和标注测量数据的笔色区分开，以使整个图纸清晰明了。

关于暖气分水阀、强弱电箱、窗、梁等结构和设施，还要记录其立面尺寸。如暖气分水阀和强、弱电箱定形、定位尺寸，梁下吊和宽度的尺寸，窗户的高度和窗台高的尺寸（注意：飘窗还需要测量窗台的深度及墙体的厚度），具体如图 2-17 所示。手绘量房图如图 2-18 所示。

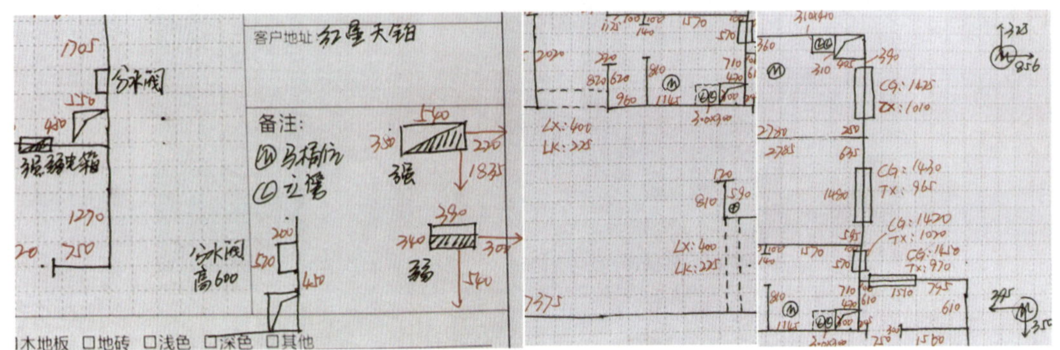

图 2-17　暖气分水阀、强 / 弱电箱、梁、窗的数据记录　　单位：mm

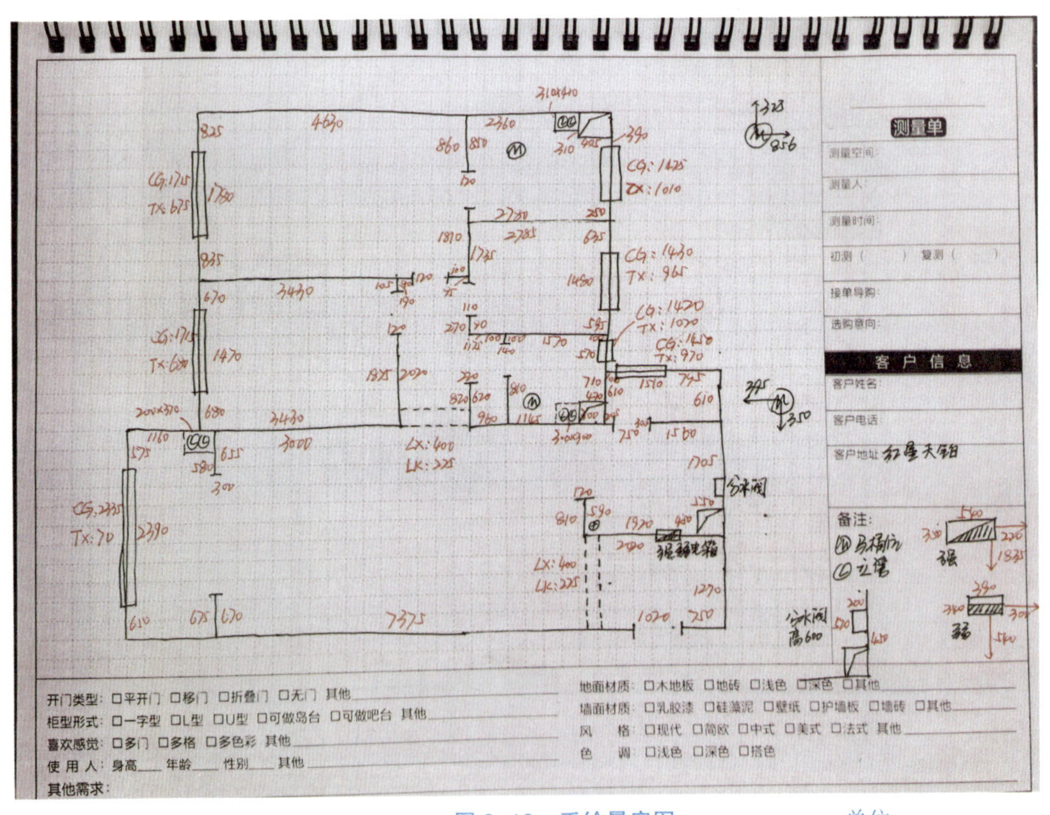

图 2-18　手绘量房图　　单位：mm

2.1.5 任务实施效果评价及反思改进

任务实施效果评价及反思改进报告单如表 2-3 所示。

表 2-3　任务实施效果评价及反思改进报告单

项目名称	室内原始结构的测量与表达			
学习任务				
任务实施	序号	典型工作环节	实施效果	评价
	1			
	2			
	3			
反思改进				

任务 2.2 AutoCAD 表达原始结构测量图

2.2.1 任务描述

表达原始结构测量图：完成从手绘量房图到 AutoCAD 原始结构测量图的绘制，可参考图 2-19。

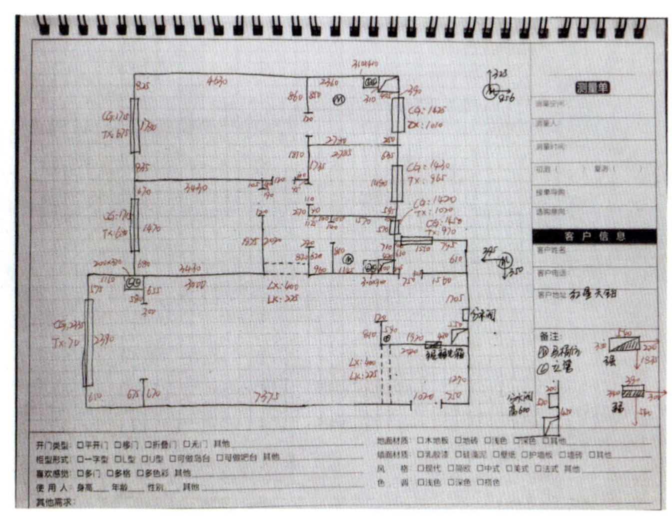

图 2-19　手绘量房图　　　单位：mm

2.2.2 任务分析

原始结构测量图内容包括图框、图名、原始结构户型、测量数据表达，要完成上述工作任务，需掌握相关内容的知识。

2.2.3 相关知识

1. 从手绘量房图到 AutoCAD 原始结构测量图

室内装修工程图纸的绘制首先要从手绘图转换成用 Auto CAD 绘制的测量图（见表 2–4）。量房人员在量房的时候要按照一定的顺序分段测量，在用 AutoCAD 绘制测量图时，应该先找到一个基点，并以此为起点找到每段测量距离的长度，然后按照这个数据进行绘制。

按照量房的顺序，一般选择从入户门开始画起（见图 2–15）。

从起点向上方输入 1020（mm），再向左绘制出入户门洞的一侧。墙的厚度通常有 150mm、240mm、300mm 等类型。例如，若墙厚为 240mm，则再向外输入 240mm。

如此，按照图 2–15 中 2~11 的方向，将测量的数据依次输入，就能完成门厅及厨房的一部分区域绘制。

要注意的是：虽然在量房时部分墙体的厚度是无法测量的，但是，在用 AutoCAD 绘图时，只要按照测量的尺寸画出墙的内外侧，墙的厚度就能显示，不需要再刻意画墙的厚度。

表 2–4 “手绘量房图”到“AutoCAD 表达测量图” 单位：mm

手绘量房	AutoCAD 表达
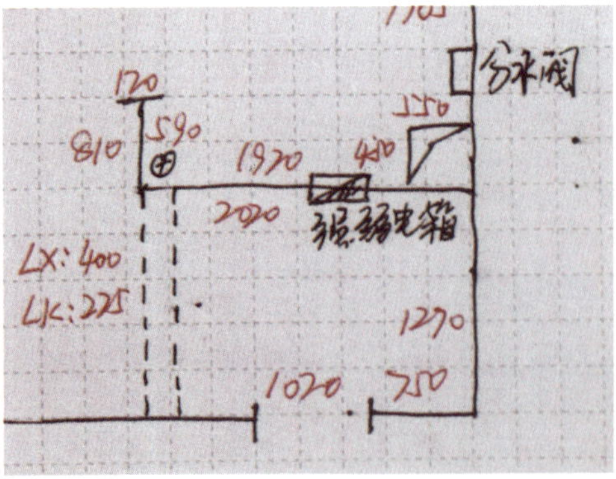	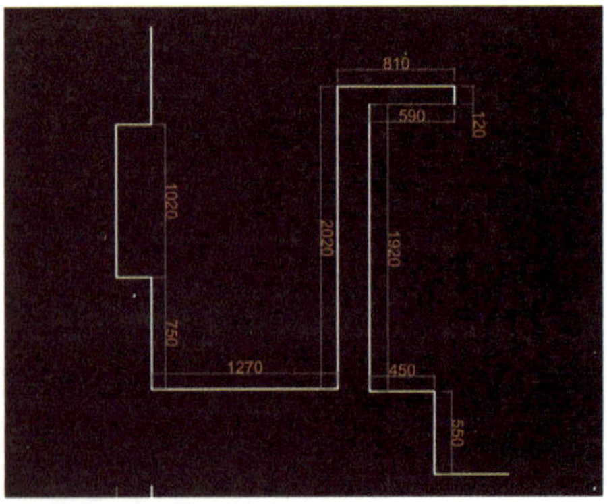

当然，从图上看到的只是显现内墙体轮廓线而已，还有很多外部或附属设施没有显示。在实际中，门或者垭口的上部是连接着的，但这些从图上看到的都是分割开的，因此，还需要将外墙体和通风管道等部位补充完整（见图 2–20）。

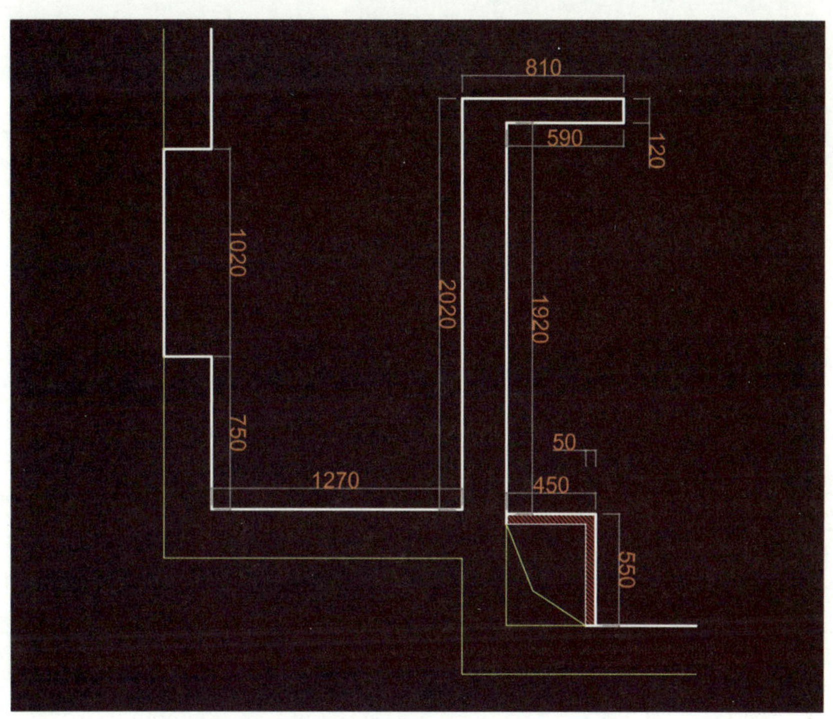

图 2–20　将外墙体和通风管道等部位补充完整　　单位：mm

2. 图框

图纸的规格是图幅和图框的标准。图纸的尺寸大小称为图纸幅面，也称图幅，图纸中有限制图形范围的边界线，称为图框。

图幅从大到小分为 A0~A4 五种基本幅面，幅面尺寸间遵循一定的倍数关系。在出室内施工图时，多采用 A3 和 A4 两个规格的幅面。

图框一般有横排和竖排两种（见图 2–21），其中横排版式是比较常用的版式。

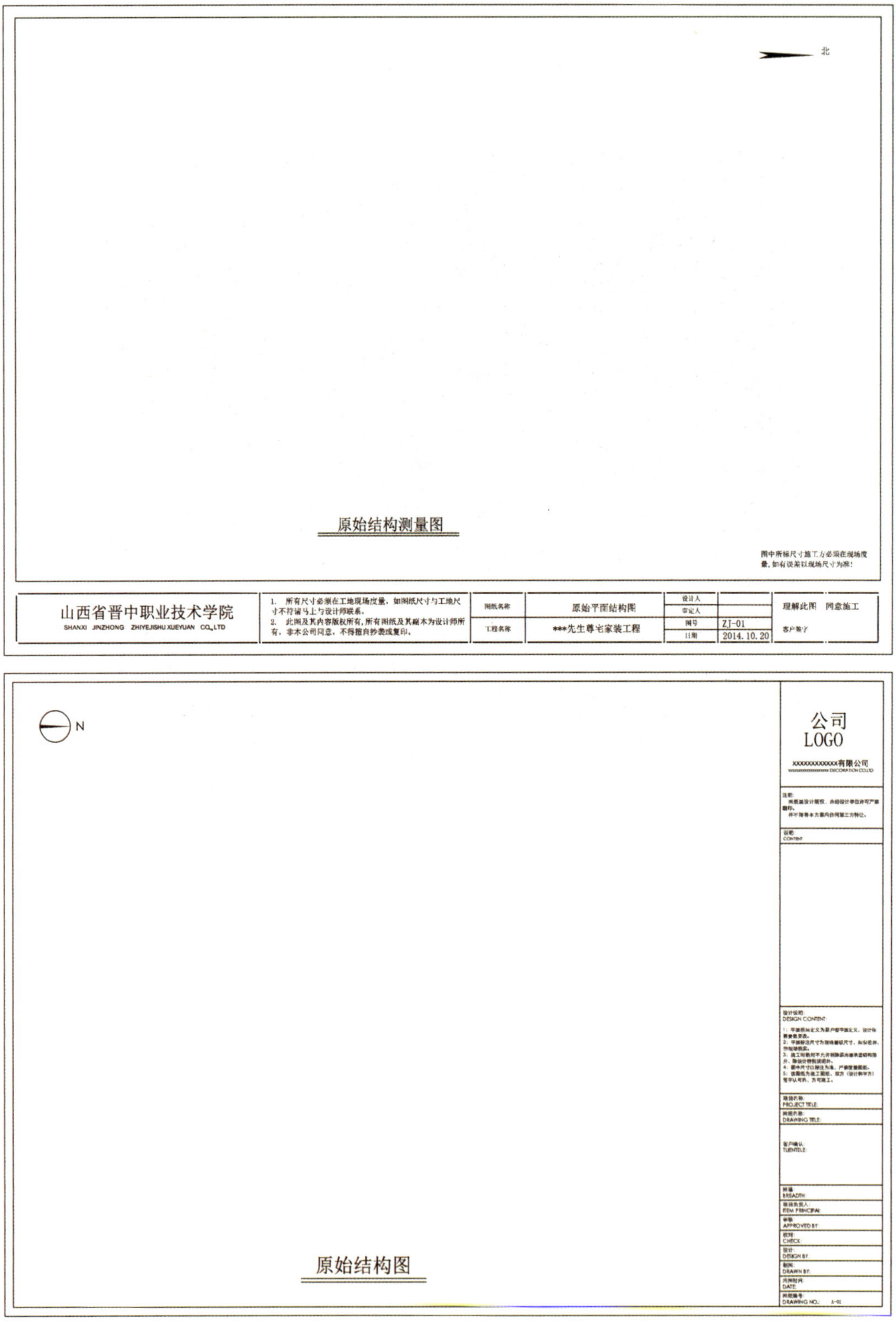

北

原始结构测量图

图中所标尺寸施工方必须在现场度量，如有误差以现场尺寸为准！

山西省晋中职业技术学院 SHANXI JINZHONG ZHIYEJISHU XUEYUAN CO.,LTD	1. 所有尺寸必须在工地现场度量，如图纸尺寸与工地尺寸不符请马上与设计师联系。 2. 此图及其内容版权所有，所有图纸及其副本为设计师所有，非本公司同意，不得擅自抄袭或复印。	图纸名称	原始平面结构图	设计人		理解此图 同意施工
				审定人		
		工程名称	***先生尊宅家装工程	图号	ZJ-01	客户签字
				日期	2014. 10. 20	

N

原始结构图

公司
LOGO

XXXXXXXXXXXX有限公司
DECORATION CO.,LTD

注释：

说明：
CONTENT

设计说明：
DESIGN CONTENT

项目名称：
PROJECT TITLE

图纸名称：
DRAWING TITLE

客户确认：
TUENTELE

图幅：
BREADTH

项目负责人：
ITEM PRINCIPAL

审核：
APPROVED BY

校对：
CHECK

设计：
DESIGN BY

制图：
DRAWN BY

出图时间：
DATE

图纸编号：
DRAWING NO.

图 2-21 图框

室内施工图常用图框内容如图 2–22 所示。

“标题栏”，记录图纸的相关信息，如设计者、审核者、绘制时间等。一般设于图框的下边或右边，如果标题栏所记录的内容较少，可置于图框的右下角。

“图名”，图纸的名称，一般设于图框的下边正中位置。

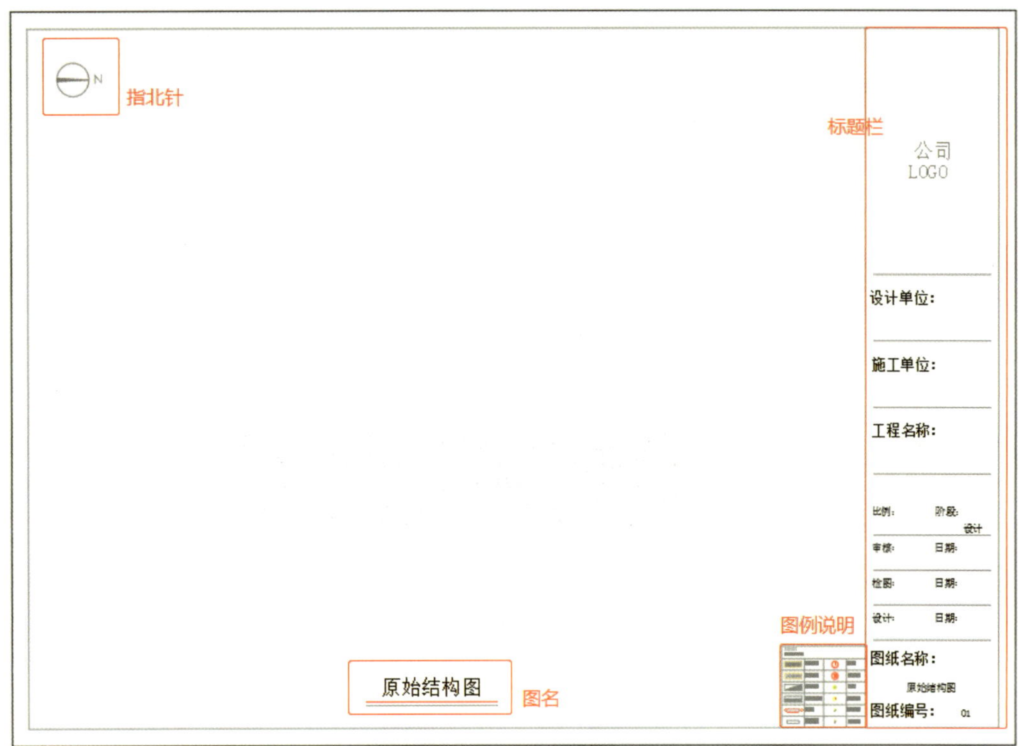

图 2–22　图框中一般包括的内容

“指北针”，在绘制室内施工图时，需要对室内空间的方位进行记录，需设置指北针，一般设置在图框的左上角或右上角。

“图例说明”，在室内施工图中对图例并没有统一的标准，每个公司都可能有自己独有的图例，因此设计师在绘制施工图时，需加设必要的图例说明。

“会签栏”，会签是为待确认的图纸、施工组织设计、施工方案等重要文件按程序报审时常用的一种形式，会签栏就是相关负责人会审时在图纸上签字的区域。栏内应填写会签人员的专业、姓名、日期。“会签栏”尺寸横向 5 mm 乘以 4 列，纵向 25 mm 乘以 3 行，一般置于图框的左上角位置（见图 2–23）。

（专业）	（姓名）	（日期）

图 2-23　会签栏

3. 所用命令

1）修改工具：拉长（LEN）、拉伸（S）、缩放（SC）

拉长（LEN）、拉伸（S）、缩放（SC）命令执行步骤如表 2-5 所示。

表 2-5　拉长（LEN）、拉伸（S）、缩放（SC）命令执行步骤　　单位：mm

执行方式	快捷键	
	单击“修改”命令面板中命令图标	
快捷键	**命令操作步骤**	**图示及其他选项说明**
拉长（LEN）	命令：LEN LENGTHEN 选择要测量的对象或 [增量（DE）/ 百分比（P）/ 总计（T）/ 动态（DY）] < 总计（T）>： 当前长度：258.5517 选择要测量的对象或 [增量（DE）/ 百分比（P）/ 总计（T）/ 动态（DY）] < 总计（T）>： 指定总长度或 [角度（A）] <800.0000>：500 选择要修改的对象或 [放弃（U）]： 选择要修改的对象或 [放弃（U）]：* 取消 *	
拉伸（S）	命令：S STRETCH 以交叉窗口或交叉多边形选择要拉伸的对象…… 选择对象：指定对角点：找到 1 个 选择对象： 指定基点或 [位移（D）] < 位移 >： 指定第二个点或 < 使用第一个点作为位移 >：	

续表

快捷键	命令操作步骤	图示及其他选项说明
缩放（SC）	命令：SC SCALE 选择对象：指定对角点：找到 2 个 选择对象： 指定基点： 指定比例因子或 [复制（C）/ 参照（R）]：0.8	（缩小 0.8 倍）

2）注释工具：尺寸标注

（1）尺寸标注的组成如图 2–24 所示。尺寸标注包括三个要素：线（尺寸线和尺寸界线）、文字和箭头。标注样式的设置也主要围绕这三方面进行。

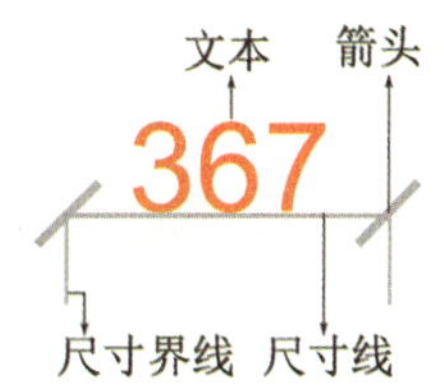

图 2–24　尺寸标注的组成

（2）新建尺寸标注样式。在“标注样式管理器”对话框（见图 2–25）中设置。

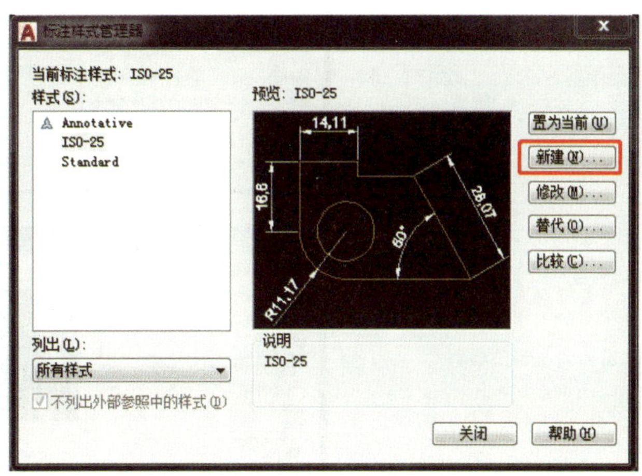

图 2–25　“标注样式管理器”对话框——新建尺寸标注样式

打开方式：快捷键“D”；单击“注释”命令面板，再单击“标注样式”按钮打开。

标注样式管理器，主要围绕尺寸标注的组成要素进行设置，设置这些项目可改变标注样式的外观。在“新建”项中，可新建标注样式，可对将使用或当前的标注样式进行设置；在“修改”项，可对修改标注样式进行设置，设置后图形中的所有标注样式将自动使用更新后的样式。

绘制文件时，根据对象的大小，可设置多个标注样式。在室内施工图中一般要设置三种标注样式：样式一，标注平面图和顶面图；样式二，标注立面图；样式三，标注节点详图。下面以“新建”标注样式为例说明新建和修改标注的操作过程，具体步骤如表 2-6 所示。

表 2-6　创建“三层四边”标注样式的执行步骤

序号	操作步骤	图示
1	1. 单击“新建”按钮 2. 弹出“创建新标注样式”对话框命名“新样式名” 3. 单击“继续”按钮	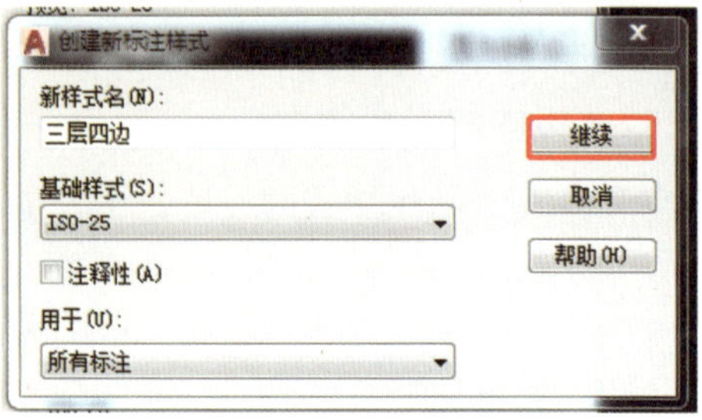
2	4. 根据公司的要求对尺寸线、尺寸界线的颜色等参数进行设置 5. 设置固定长度尺寸界线	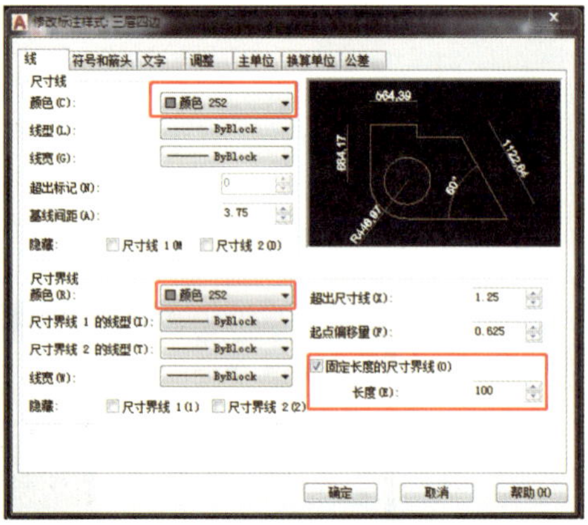
3	6. 对箭头的样式和大小等参数进行设置 注：在室内施工图中一般选用的箭头样式是“建筑标记”	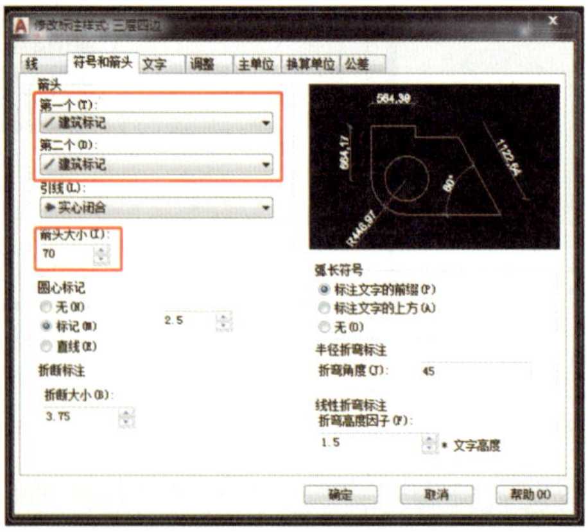

续表

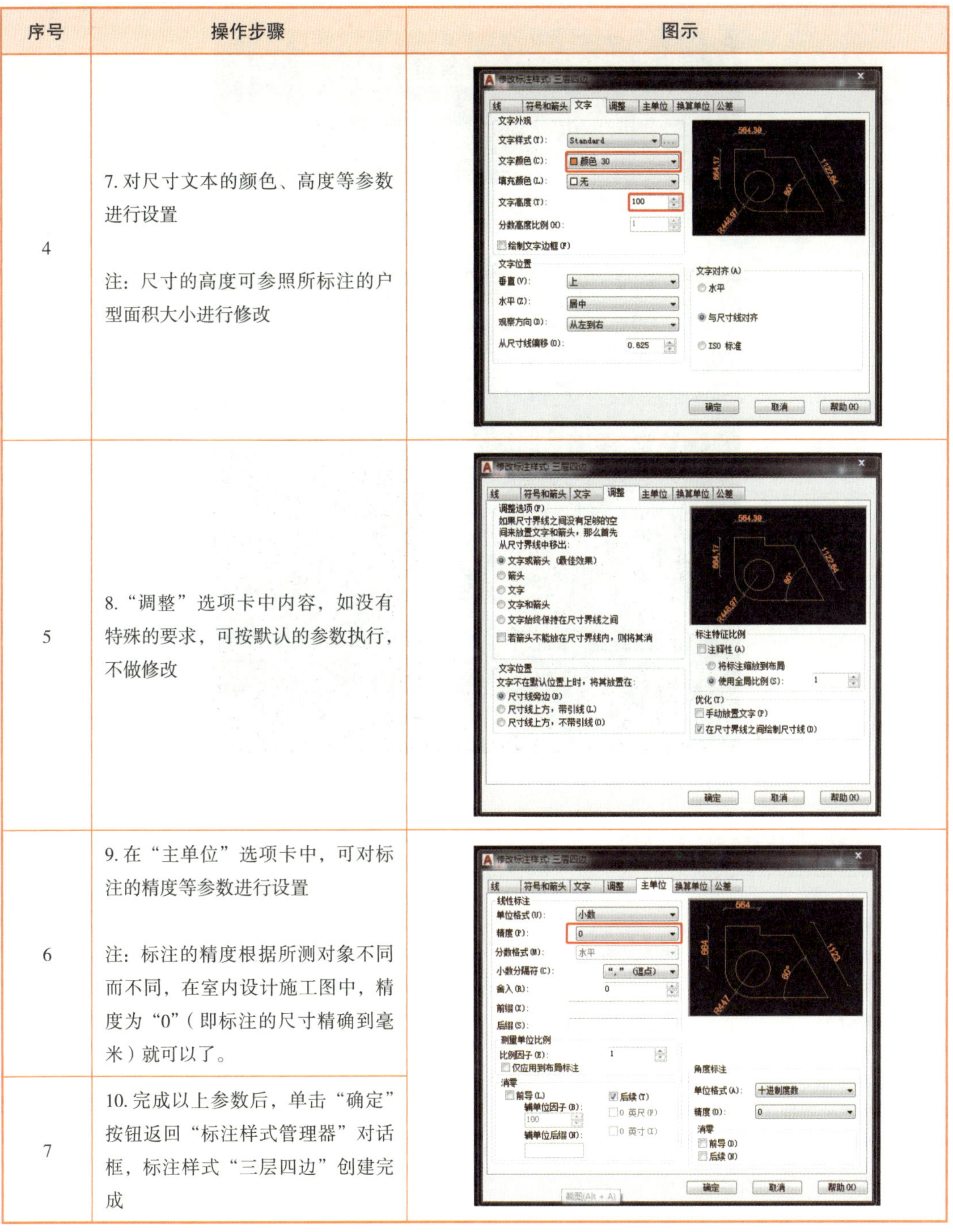

序号	操作步骤	图示
4	7. 对尺寸文本的颜色、高度等参数进行设置 注：尺寸的高度可参照所标注的户型面积大小进行修改	
5	8.“调整”选项卡中内容，如没有特殊的要求，可按默认的参数执行，不做修改	
6	9. 在“主单位”选项卡中，可对标注的精度等参数进行设置 注：标注的精度根据所测对象不同而不同，在室内设计施工图中，精度为“0”（即标注的尺寸精确到毫米）就可以了。	
7	10. 完成以上参数后，单击“确定”按钮返回“标注样式管理器”对话框，标注样式“三层四边”创建完成	

（3）尺寸标注的类型。AutoCAD 2022 提供了多种标注工具，具有强大的标注功能，在执行标注命令时，以快捷键输入最方便;此外，可单击“注释命令面板”选择命令项（见图 2–26），或单击“注释”命令选项卡（见图 2–27）选择命令项。“线性标注”“连续标

注”“基线标注”等尺寸标注命令的执行步骤如表 2-7 所示。

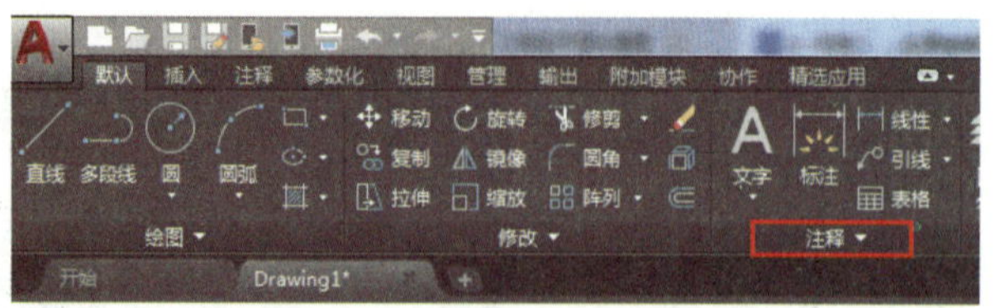

图 2-26 “注释命令面板”区

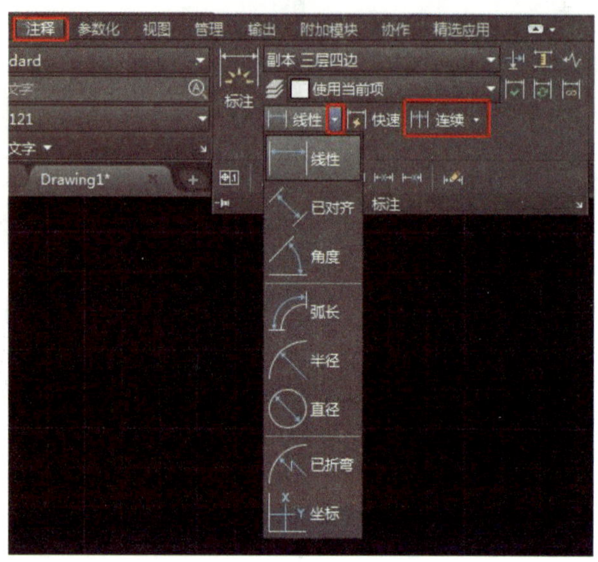

图 2-27 尺寸标注的类型

表 2-7 “线型标注”“连续标注”“基线标注”等尺寸标注命令的执行步骤 单位：mm

<table>
<tr><td rowspan="2">方法</td><td colspan="2">快捷键</td></tr>
<tr><td colspan="2">单击“注释命令面板”，选择命令项
或单击“注释”命令选项卡，选择命令项</td></tr>
<tr><td>快捷键</td><td>命令操作步骤</td><td>图示及其他选项说明</td></tr>
<tr><td>线型标注
（DLI）</td><td>命令：DLI
DIMLINEAR
指定第一个尺寸界线原点或 < 选择对象 > ：
指定第二个尺寸界线原点：
指定尺寸线位置或
[多行文字（M）/ 文字（T）/ 角度（A）/ 水平（H）/ 垂直（V）/ 旋转（R）]：
标注文字 = 1132</td><td>1132</td></tr>
</table>

续表

快捷键	命令操作步骤	图示及其他选项说明
对齐标注 （DAL）	命令：DAL DIMALIGNED 指定第一个尺寸界线原点或 < 选择对象 >：< 打开对象捕捉 > 指定第二个尺寸界线原点： 指定尺寸线位置或 [多行文字（M）/ 文字（T）/ 角度（A）]： 标注文字 = 1132	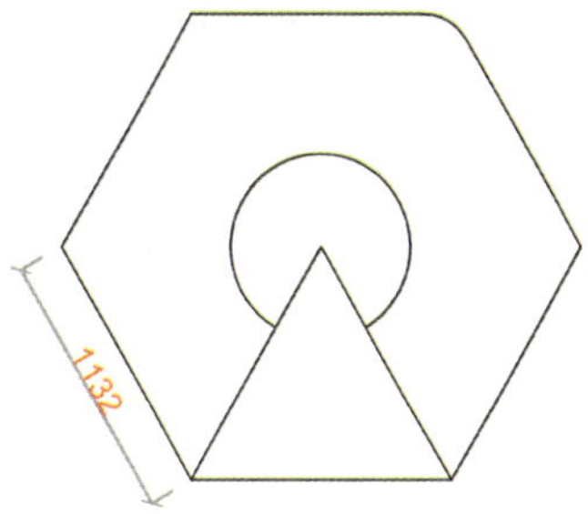 1132
半径 / 直径标注 （DRA）/（DDI）	命令：DRA 命令：DIMRADIUS 选择圆弧或圆： 标注文字 = 393 指定尺寸线位置或 [多行文字（M）/ 文字（T）/ 角度（A）]： 命令：DDI DIMDIAMETER 选择圆弧或圆： 标注文字 = 785 指定尺寸线位置或 [多行文字（M）/ 文字（T）/ 角度（A）]：	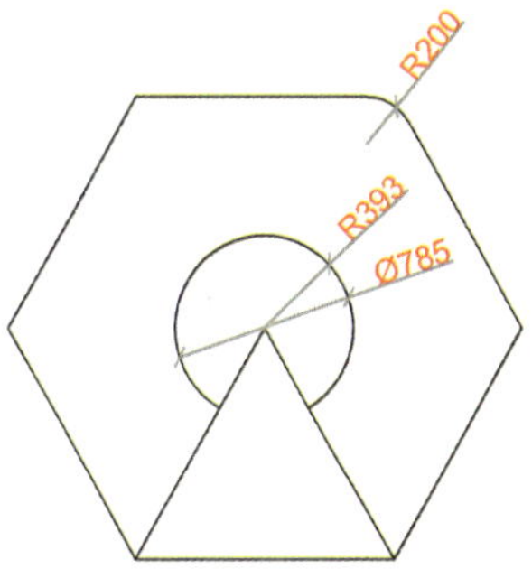 R200 R393 Ø785
角度标注 （DAN）	命令：DAN DIMANGULAR 选择圆弧、圆、直线或 < 指定顶点 >： 选择第二条直线： 指定标注弧线位置或 [多行文字（M）/ 文字（T）/ 角度（A）/ 象限点（Q）]： 标注文字 = 60	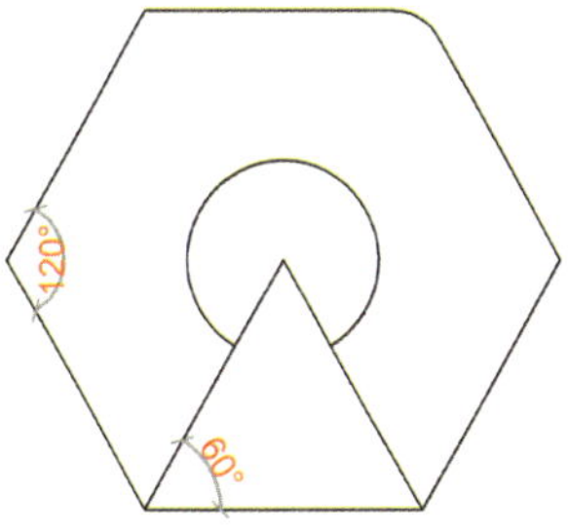 120° 60°

续表

快捷键	命令操作步骤	图示及其他选项说明
连续标注 （DCO） 注：在执行连续标注命令前，图形中须至少已执行有线型标注、对齐标注、角度标注等的其中一种	命令：DLI DIMLINEAR 指定第一个尺寸界线原点或 < 选择对象 >： 指定第二条尺寸界线原点： 指定尺寸线位置或 [多行文字（M）/ 文字（T）/ 角度（A）/ 水平（H）/ 垂直（V）/ 旋转（R）]： 标注文字 = 452 命令：DCO DIMCONTINUE 指定第二个尺寸界线原点或 [选择（S）/ 放弃（U）] < 选择 >： 标注文字 = 496 指定第二个尺寸界线原点或 [选择（S）/ 放弃（U）] < 选择 >： 标注文字 = 320 指定第二个尺寸界线原点或 [选择（S）/ 放弃（U）] < 选择 >：* 取消 *	
基线标注 （DBA） 注 1：在执行连续标注命令前，图形中须至少已执行有线型标注、对齐标注、角度标注等的其中一种 注 2：基线标注中尺寸线的间距可在标注样式中设置	命令：DLI DIMLINEAR 指定第一个尺寸界线原点或 < 选择对象 >： 指定第二个尺寸界线原点： 指定尺寸线位置或 [多行文字（M）/ 文字（T）/ 角度（A）/ 水平（H）/ 垂直（V）/ 旋转（R）]： 标注文字 = 452 命令：DBA DIMBASELINE 指定第二个尺寸界线原点或 [选择（S）/ 放弃（U）] < 选择 >： 标注文字 = 948 指定第二个尺寸界线原点或 [选择（S）/ 放弃（U）] < 选择 >： 标注文字 = 1269 指定第二个尺寸界线原点或 [选择（S）/ 放弃（U）] < 选择 >：* 取消 *	

3）图层特性

图层就像含有文字或图形等元素的胶片，一张张按顺序叠放在一起，组合起来形成图形的合成效果。每一个图层具有相对独立性，可以将页面上的元素精确定位并修改补充，而不会对其他图层造成影响。

AutoCAD 2022 中，“图层”用于规划和组合复杂的图形。通过创建图层，可将类型相似的对象指定给同一图层使其相关联。例如，将轴网、墙体、门窗、家具、尺寸标注、文字说明等置于不同的图层上，可以通过设置不同参数，使不同图层具有独立特性，而不影响其他图层的对象。图 2–28 所示为“图层特性”命令面板。

图 2–28　“图层特性”命令面板

（1）“图层特性管理器”对话框（见图 2–29）应用：

执行方式：按快捷键“LA”；单击“图层”命令面板，选择“图层特性”命令项，弹出“图层特性管理器”。

“图层特性管理器”可通过新建、删除等参数设置对图层进行管理；可选择“打开”“冻结”“锁定”等项设置参数，也可设置图层管理对象的颜色、线型、线宽等特性。

图 2–29　“图层特性管理器”对话框

①图层管理：依次有“新建”“冻结”“删除”“当前图层”项。

“新建”：图层名称会自动添加到图层列表中。

“冻结”：新建的图层在所有视口中都会被冻结。

“删除”：可删除所选图层，但是系统自带的 0 图层和当前使用图层不能被删除。

“当前图层”：将所选图层置为当前图层。

②图层状态：依次有“开 / 关”“解冻 / 冻结”“解锁 / 锁定”“打印 / 不可打印”。

“开 / 关”：当图层关闭时，该图层中对象不可见，不可被编辑，可创建对象，但创建的对象依然不可见。

“解冻 / 冻结”：当图层冻结时，该图层对象不可见，不可被编辑，不可创建对象。

“解锁 / 锁定”：当图层锁定时，该图层对象可见，但不可被编辑，不可创建对象。

“打印 / 不可打印”：当图层不可打印时，该图层对象不参与打印；AutoCAD 2022 中，图层“打印”，只针对可见图层进行打印，已关闭和冻结的图层不参与打印。

③图层中对象的特性：主要设置图层中对象的颜色、线型、线宽等特性。

（2）创建“一居室”新图层样式的操作步骤如表 2-8 所示。

表 2-8　创建“一居室”新图层样式的操作步骤

序号	操作步骤	图示
1	1. 执行命令“LA”，弹出“图层特性管理器” 2. 单击“新建”按钮，图层名将被自动添加到图层列表中，默认为“图层 1” 3. 在动态的“图层 1”中输入新图层名，自定义为“窗” 4. 根据需求，依次创建多个图层	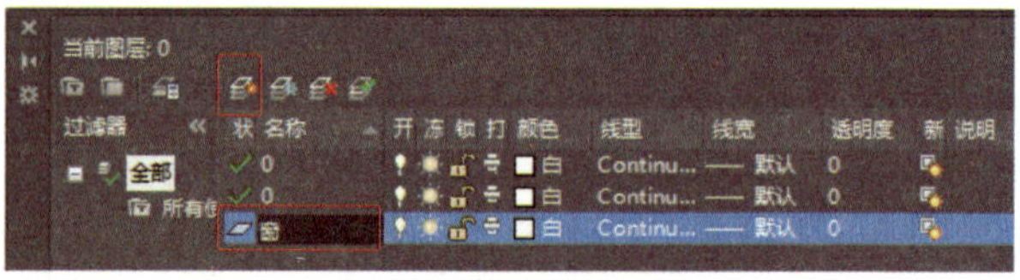
2	5. 设置各图层特性，在“窗”图层中单击“颜色”图标，系统将弹出“选择图形”对话框，自定义选“蓝色”（5 号）	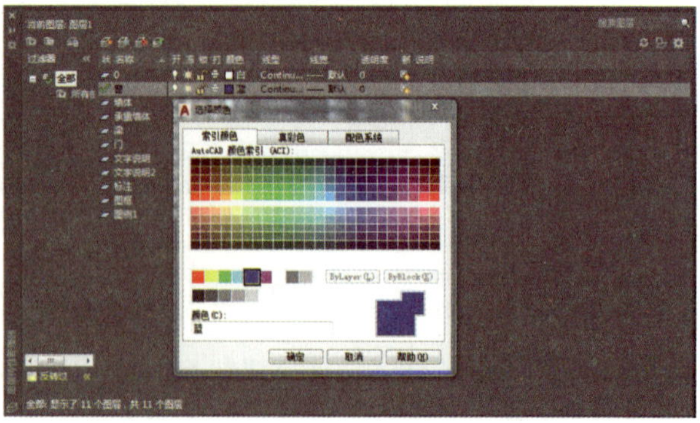

续表

序号	操作步骤	图示
3	6. 在“梁”图层中，设置颜色为 252 灰色后，单击“线型”图标，系统弹出“选择线型”对话框，可加载“ACAD”虚线，并自定义，选择后确定 完成线为 252 灰色，线型为 ACAD 虚线的“梁”图层的参数设置	
4	7. 参照以上步骤，完成所有需要的图层特性设置，单击左上角“X”图标，关闭“图层特性管理器”，完成图层创建	

4）块

执行方式：快捷键；

单击“块”命令面板中命令图标（见图 2–30）。

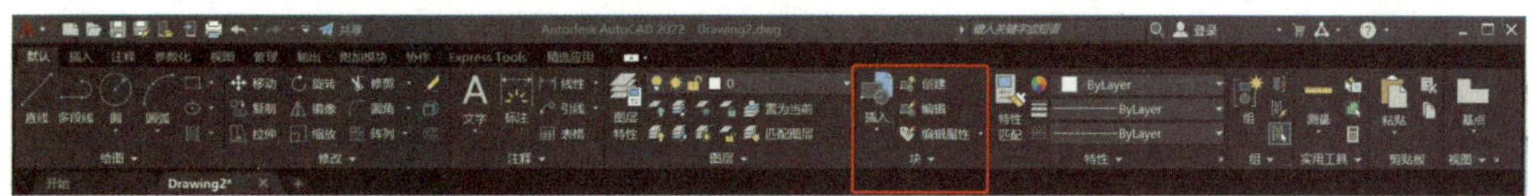

图 2–30　“块”命令面板

（1）“块定义（B）”对话框如图 2–31 所示。

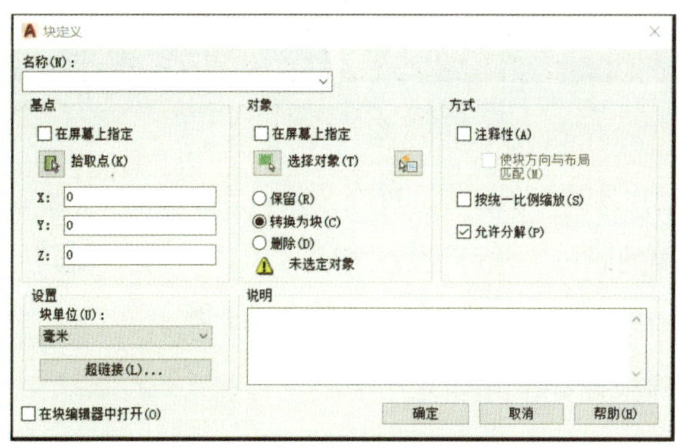

图 2–31　“块定义”对话框

执行命令后，弹出“块定义”对话框，可对“新块”进行命名等参数设置。

①“名称”：根据需求命名。

②“基点”：可在屏幕上指定对定义的新块基准点的选取，一般采用“拾取点”的方式选取对象上的某个点，作为基点。

③“对象”：定义为新块的图形。“保留”是指所选对象已定义为新块保存，但是绘图区原对象还保留原来的特性；“转化为块”是指所选对象已定义为新块保存，同时绘图区原对象也已转化为块；“删除”是指所选对象已定义为新块保存，同时绘图区原对象被删除。

④“方式”：指定义的新块在插入时添加“注释性”或“可按统一比例缩放”，并选择是否“允许分解”。

（2）“同步块（INS）”对话框如图 2-32 所示。

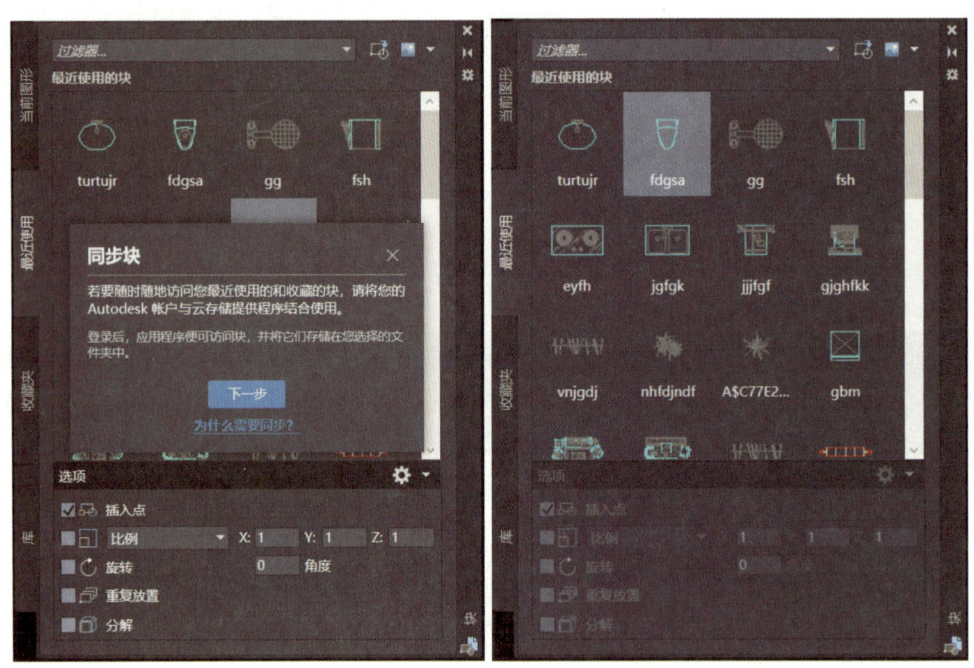

图 2-32 “同步块”对话框

执行命令后，弹出“块”对话框，可在“库”“收藏夹”“最近使用”“当前的图形”等块资源中选取所需要的图块。并可设置“插入点”“比例”“旋转”“分解”等参数。

在 AutoCAD 2022 版中，增加了“云共享”的资源库，从桌面上的 AutoCAD 或 AutoCAD Web 应用程序中查看和访问块内容。

（3）写块（WB），以写入“新家具”图块，并插入为例，说明写块的命令，执行步骤如表 2–9 所示。

表 2–9　“写入‘新家具’图块，并插入”命令的执行步骤

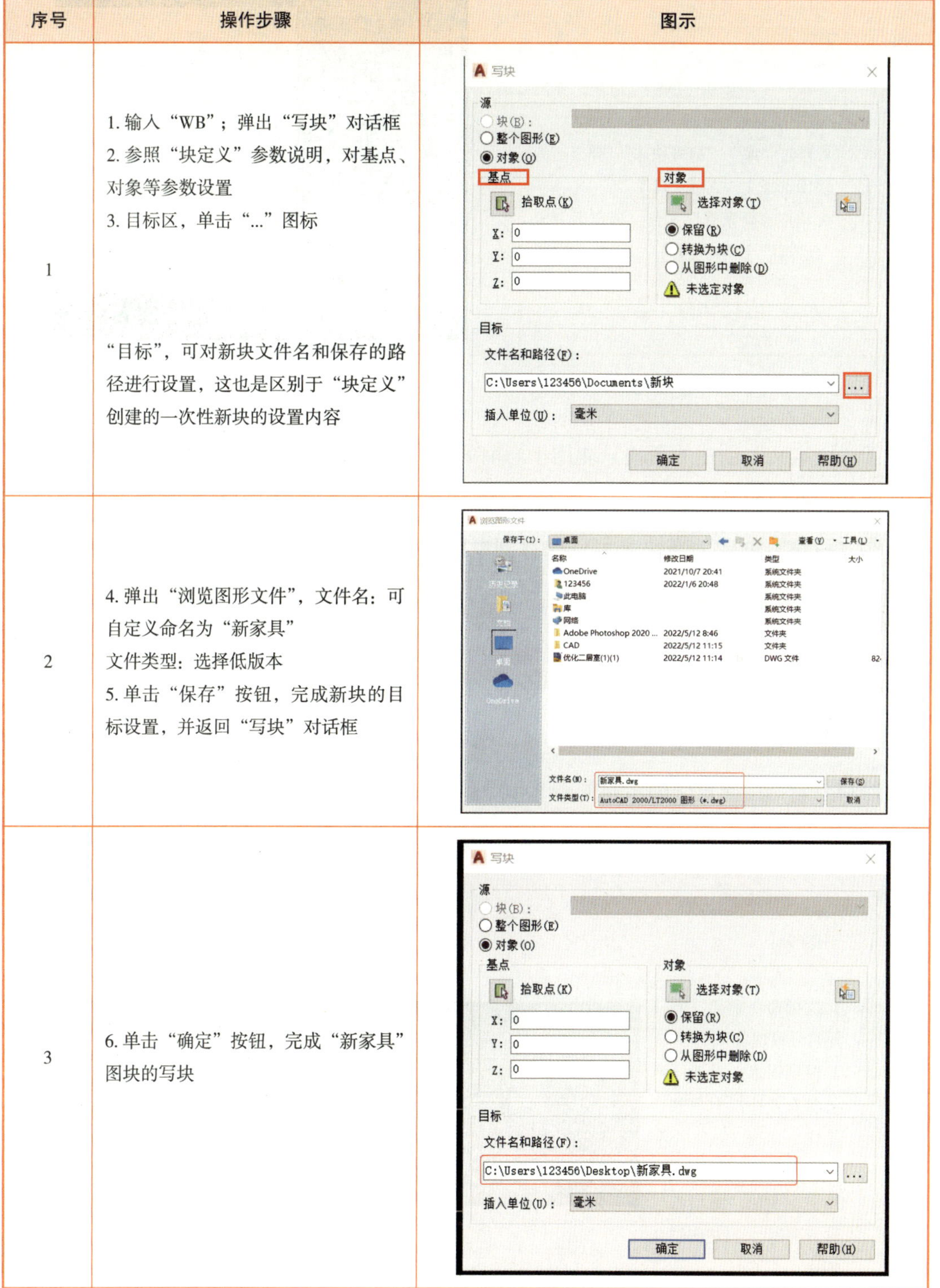

序号	操作步骤	图示
1	1. 输入“WB”；弹出“写块”对话框 2. 参照“块定义”参数说明，对基点、对象等参数设置 3. 目标区，单击“...”图标 “目标”，可对新块文件名和保存的路径进行设置，这也是区别于“块定义”创建的一次性新块的设置内容	
2	4. 弹出“浏览图形文件”，文件名：可自定义命名为“新家具” 文件类型：选择低版本 5. 单击“保存”按钮，完成新块的目标设置，并返回“写块”对话框	
3	6. 单击“确定”按钮，完成“新家具”图块的写块	

续表

序号	操作步骤	图示
4	7. 执行“同步块（INS）”命令，弹出“块”对话框 8. 单击“库”—“打开块库”，弹出“为块库选择文件夹或文件” 9. 单击“新家具”文件，确定后完成“新家具”图块的插入	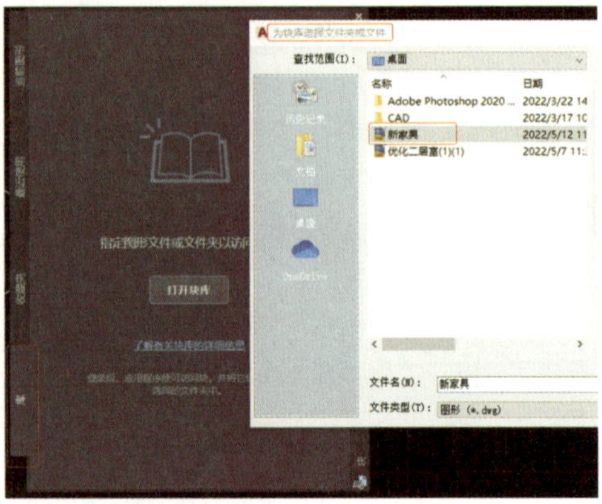

注：

①“块定义”创建的新块只能用于当前的 CAD 文件，在其他文件中必须重新创建块，即使两个文件中的对象是相同的。

②“写块”创建的新块是可以保存到电脑硬盘中的，是永久性产品。当需要用的时候，直接插入 CAD 文件中，如标高、坡度等，可以使用写块命令，使之保存到电脑硬盘中，下次直接调用即可。

2.2.4 任务实施

绘制原始结构测量图的步骤如表 2-10 所示。

表 2-10　原始结构测量图绘制步骤

序号	操作步骤	图示
1	创建图层 命令：LA 1. 执行命令弹出“图层特性管理器” 2. 根据需求，设置图层状态及图层对象的特性 3. 单击左上角“X”图标，关闭“图层特性管理器”，完成图层创建	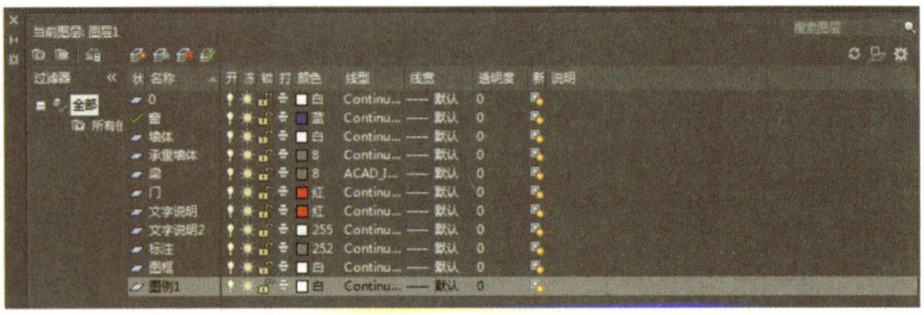

续表

序号	操作步骤	图示
2	绘制墙体： 命令：直线（L）+ 偏移（O） 或多线（ML） 单击“墙体”图层，执行命令绘制墙体	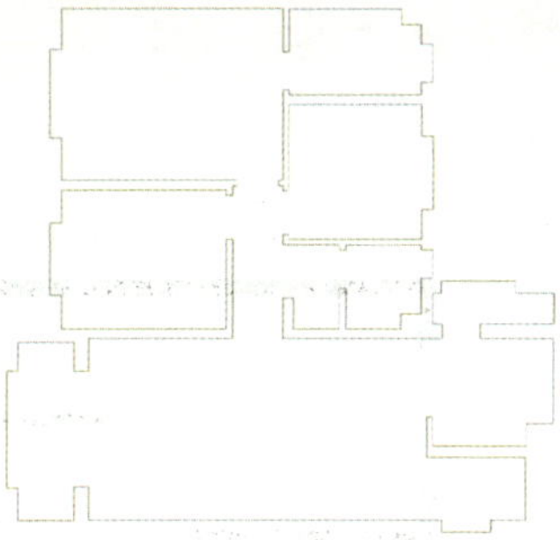 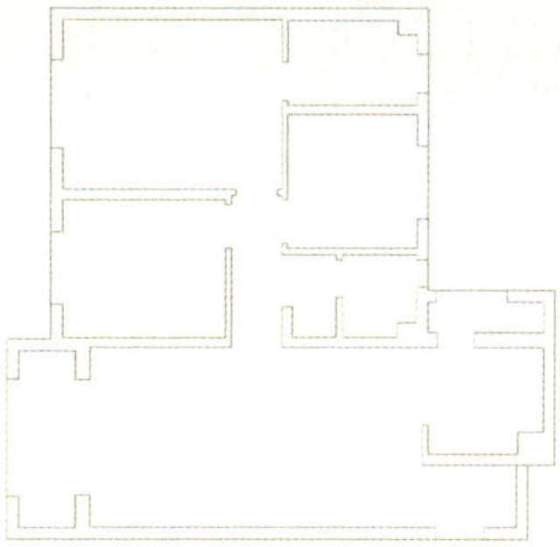
3	绘制窗户、门、梁及其他设施 命令：直线（L）+ 偏移（O）+ 圆（C） 分别单击“窗”“梁”图层，绘制蓝色的窗户和虚线、灰色的梁	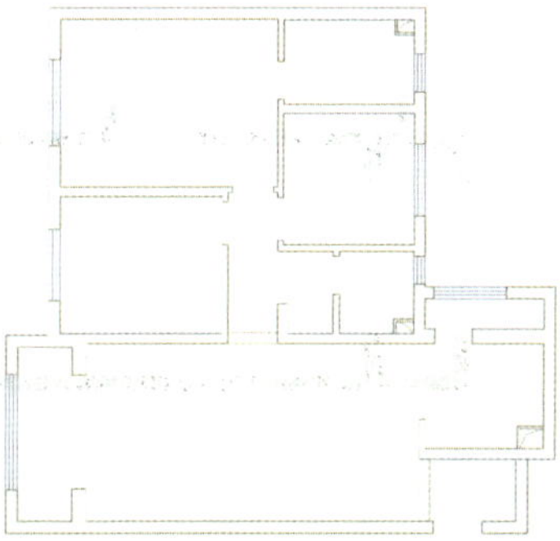 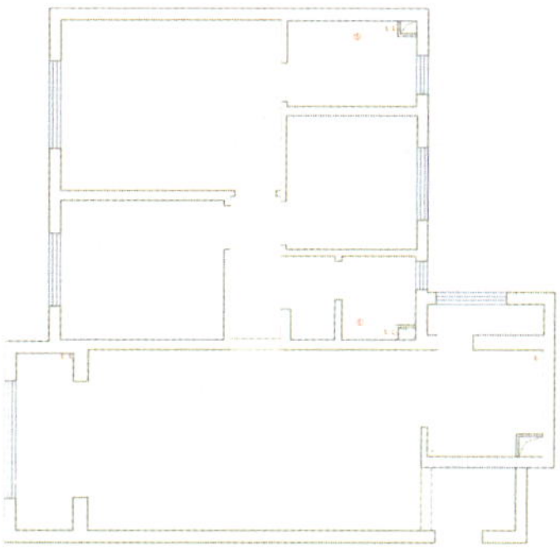
4	文字标注相关信息： 命令：单行文字（TEXT） 分别点选“文字说明”图层（红色字体）、“文字说明 2”图层（白色字体），完成各功能区名称的说明，及窗、梁的文字注释	 主卫 主卧 儿童房 次卧 过道 客卫 厨房 分水器 客厅 餐厅 弱电箱 门厅 窗高：1425mm 窗下：1010mm 窗高：1715mm 窗下：680mm 窗高：1430mm 窗下：965mm 窗高：1715mm 窗下：680mm 窗高：1420mm 窗下：1020mm 窗高：1450mm 窗下：970mm 梁下：400mm 梁宽：225mm 窗高：2335mm 窗下：70mm 梁下：400mm 梁宽：225mm

续表

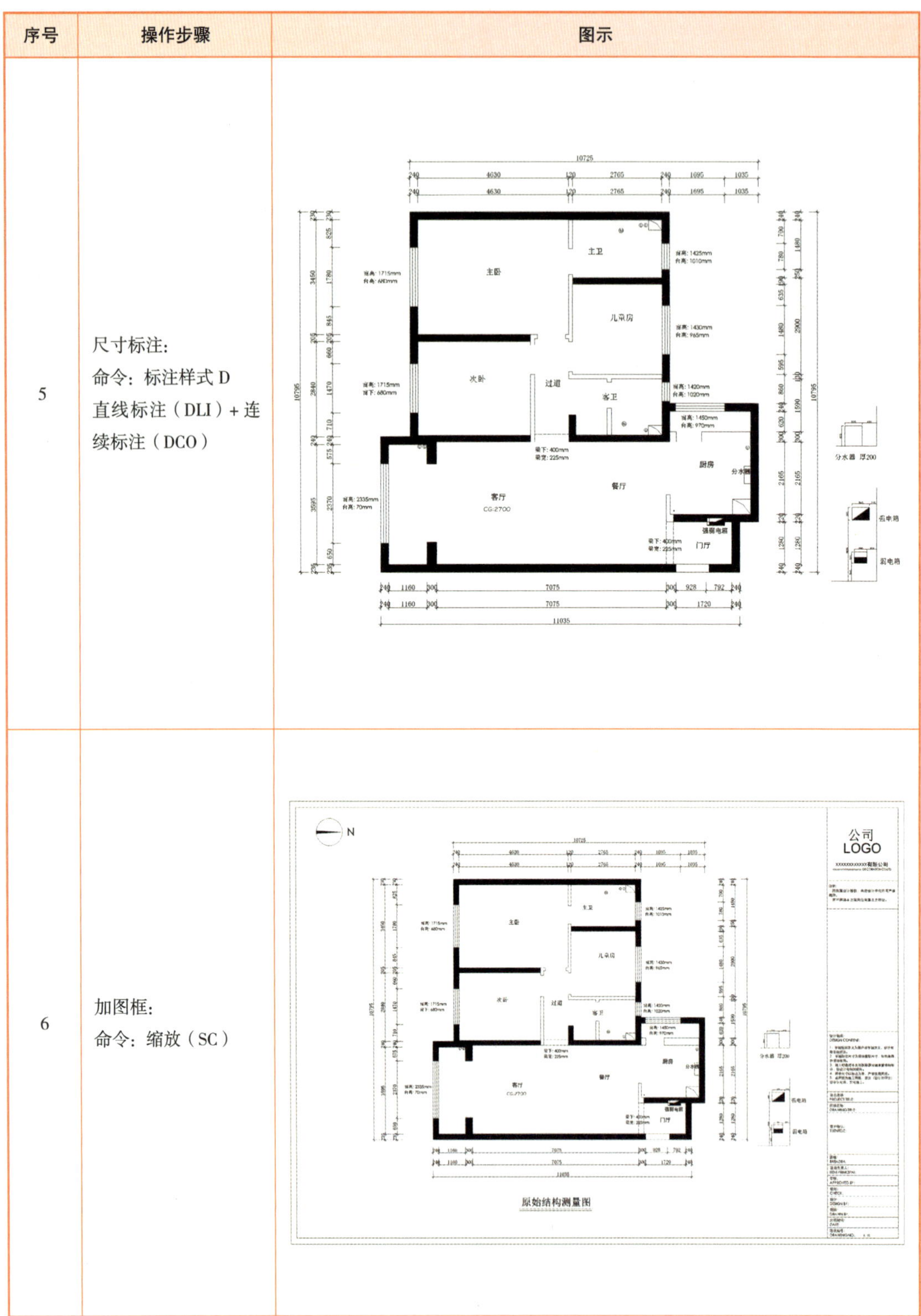

序号	操作步骤	图示
5	尺寸标注： 命令：标注样式 D 直线标注（DLI）+ 连续标注（DCO）	
6	加图框： 命令：缩放（SC）	

续表

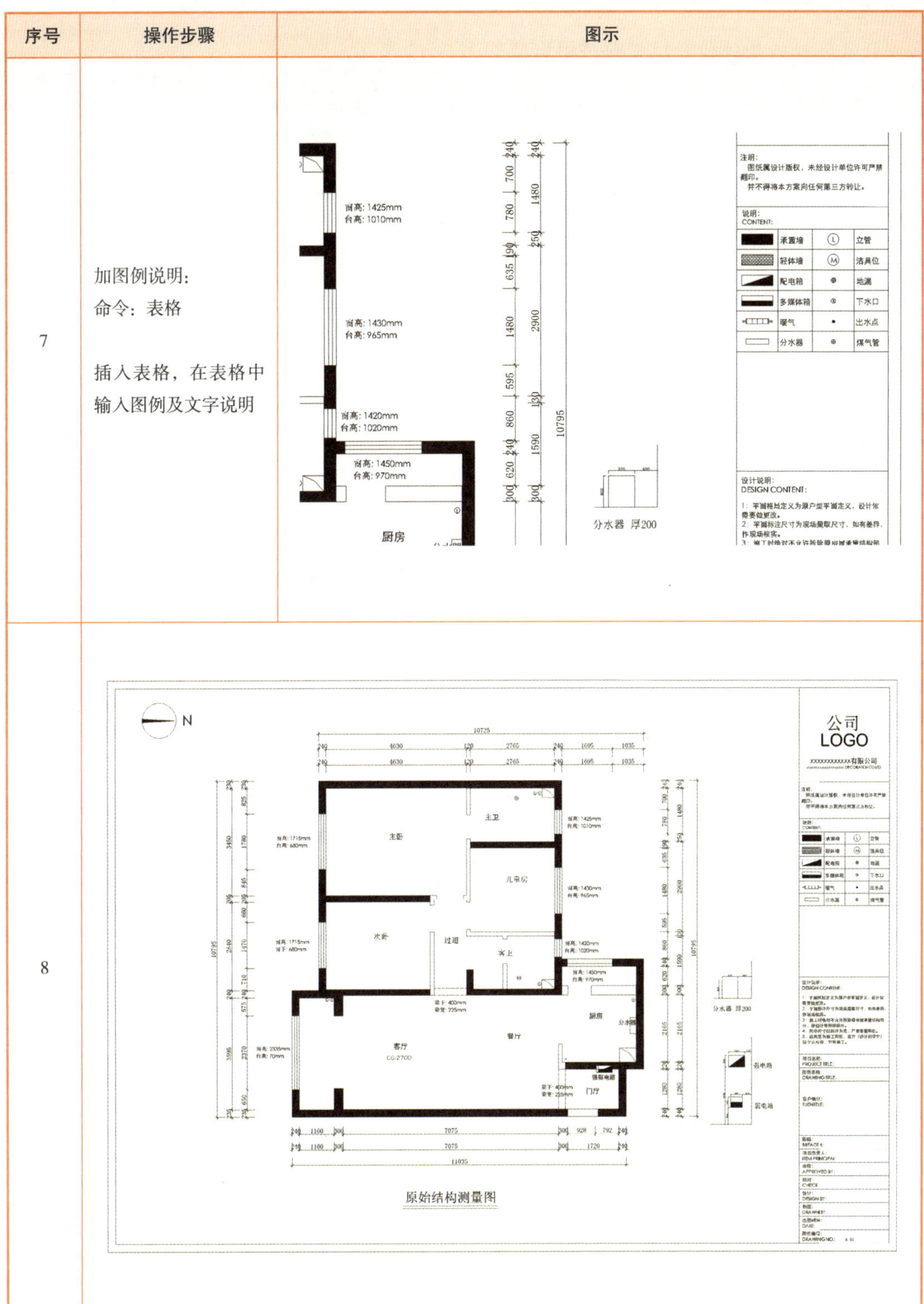

序号	操作步骤	图示
7	加图例说明： 命令：表格 插入表格，在表格中输入图例及文字说明	
8		

2.2.5 任务实施效果评价及反思改进

任务实施效果评价及反思改进报告单如表 2-11 所示。

表 2-11　任务实施效果评价及反思改进报告单

<table>
<tr><td>项目名称</td><td colspan="4">室内原始结构的测量与表达</td></tr>
<tr><td>学习任务</td><td colspan="4"></td></tr>
<tr><td rowspan="4">任务实施</td><td>序号</td><td>典型工作环节</td><td>实施效果</td><td>评价</td></tr>
<tr><td>1</td><td></td><td></td><td></td></tr>
<tr><td>2</td><td></td><td></td><td></td></tr>
<tr><td>3</td><td></td><td></td><td></td></tr>
<tr><td>反思改进</td><td colspan="4"></td></tr>
</table>

阶段综合实训　小两居室用于新婚过渡，户型优化需要注意什么？

1. 家庭结构及需求

人口构成：住宅内需要考虑两口人居住，后期需要预留孩子的房间，房子的居住周期规划在 10~15 年。

业主需求：受户型面积的限制，业主希望不专设餐厅，而是扩大厨房的收纳和使用功能，而且优化后的厨房只需要满足部分简餐的功能即可。另外，希望在家中能规划一处孩子收纳玩具的空间，以便房屋后期的整理。

2. 原始户型分析

原始户型为两室一厅一厨一卫，客餐厅呈一字型（见图 2-33），两个卧室及客厅都有自然采光，建筑面积为 100 m^2 左右，整体格局较为方正。公共区域相对于该户型而言，较为宽敞。其缺点：入户没有完整的门厅，入户后的收纳空间较小，厨房的收纳和操作区域都较小，不符合业主的需求。住宅中的客卧室虽然有自然采光，但该空间处于整体建筑的夹缝中，采光稍有局限。这套户型优化要解决的难点就是如何扩大入户收纳和厨房的空间。

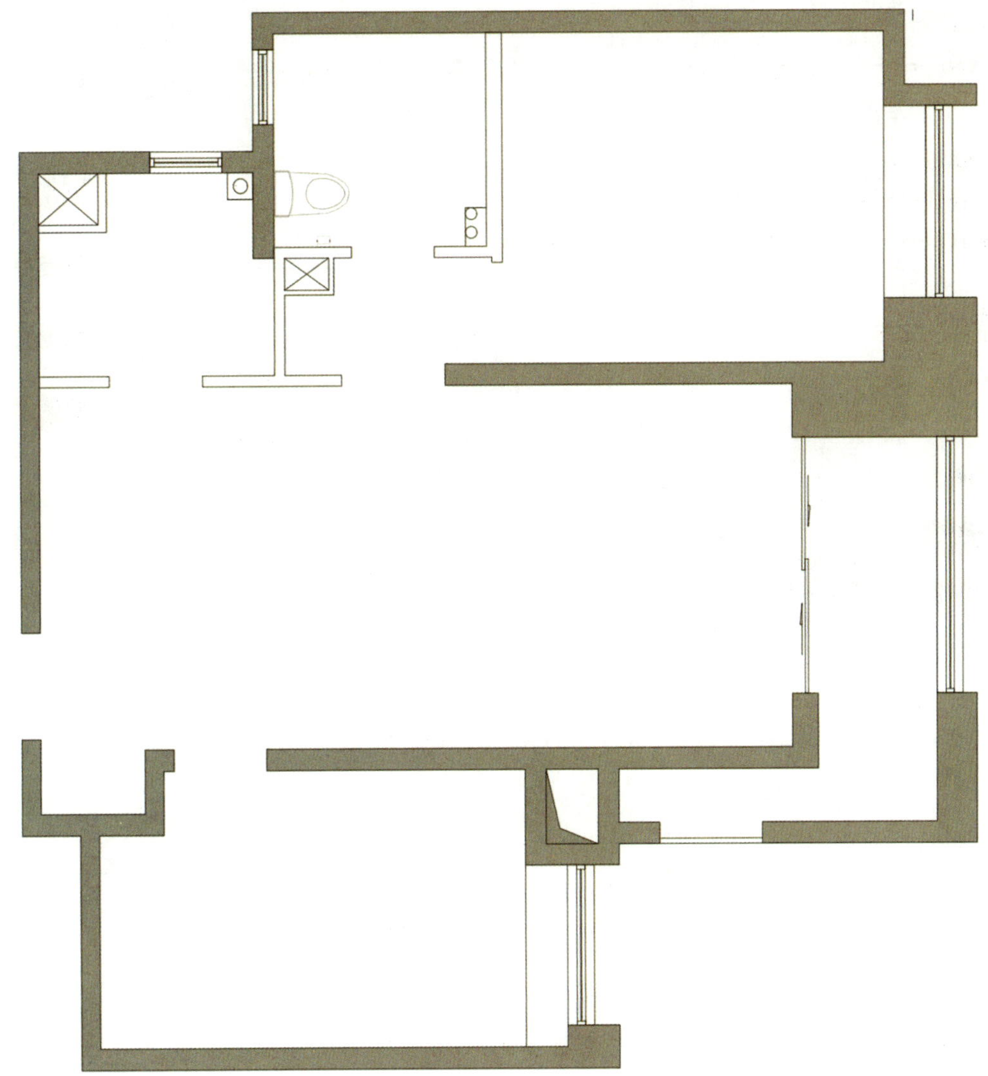

图 2–33　原始户型图

3. 方案分析

图 2–34 所示为户型优化后的平面布置方案。

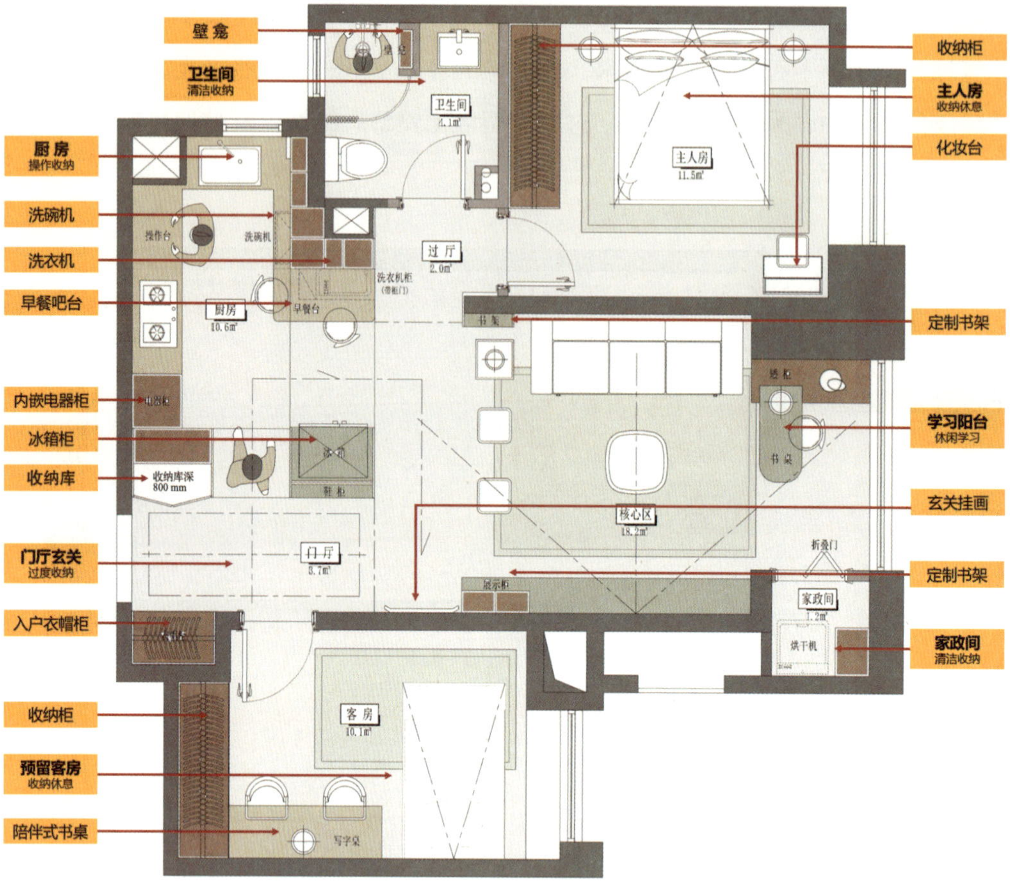

图 2-34　户型优化后平面布置方案

（1）门厅：本空间保留了原有的衣帽柜，但该柜体的收纳只能保证常规的收纳，考虑业主在后期有了孩子会有大量手推车、玩具车之类的出行物品，所以我们在入户的左手边设置了一处 1100 mm 宽，800 mm 深的收纳柜，解决了大部分儿童物品的收纳问题；在孩子长大后，该柜体也能解决家庭的收纳问题。

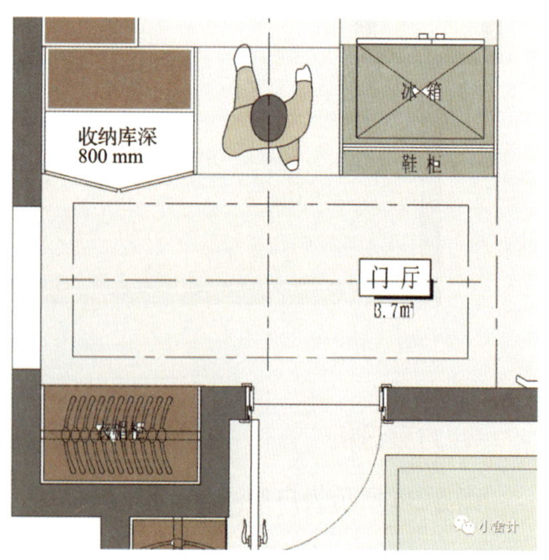

图 2-35　门厅区域平面布置图

（2）厨房：本空间的动线规划遵循了常用的洄游动线来处理。由于业主对餐厅的功能需求不大，所以在厨房的空间内加入了简餐台的设计。厨房和门厅内将冰箱和鞋柜作为柱体，呈现洄游动线，巧妙地分割出门厅空间与厨房空间，让门厅功能更加完整，也让厨房空间的利用率大大提高。室内的空间也会更加方正。厨房内依据业主的需求放置了内嵌电器柜、洗碗机、洗衣机等现代化电器设备，扩充后的厨房对比原始格局中的厨房操作台面有了质的提升。

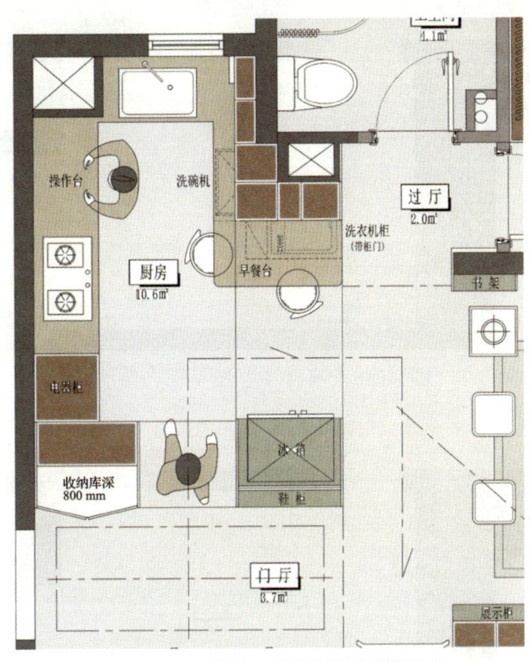

图 2-36　厨房区域平面布置图

（3）客厅：此空间作为家居的核心空间，其布置可以很多变。本次方案中选取了业主比较容易接受，也是最常规的一种布置方式。希望大家能在公共区域的布置上展示更多的可能性。

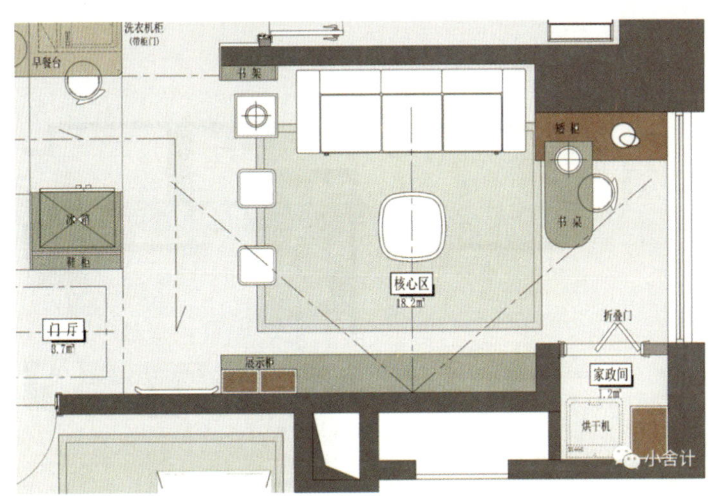

图 2-37　客厅区域平面布置图

（4）客卧：由于该住宅属于婚房，所以在孩子出生前这个空间更多是用作书房或者客房，在孩子出生后的 5 年内，此空间更多是老人的暂住场所。由于该房间的使用者暂时不能确定，所以在设计时只打造空间内的收纳功能即可（见图 2-38 和图 2-39）。

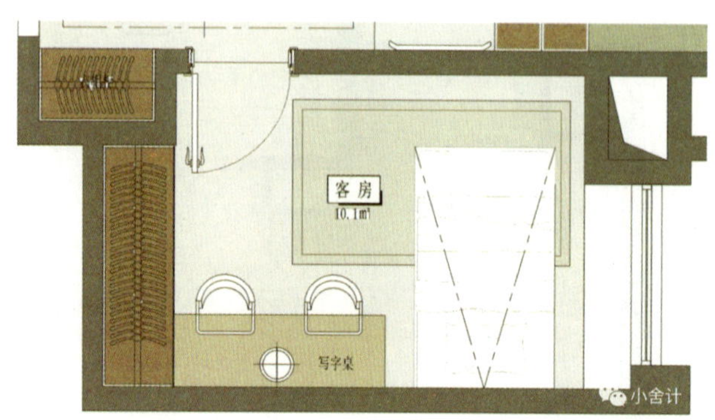

图 2-38　客卧 1 区域平面布置图

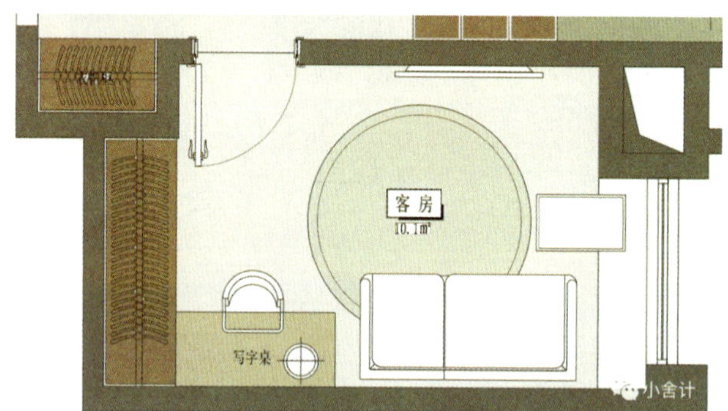

图 2-39　客卧 2 区域平面布置图

4. 前后对比

户型优化前后对比如图 2-40 所示。

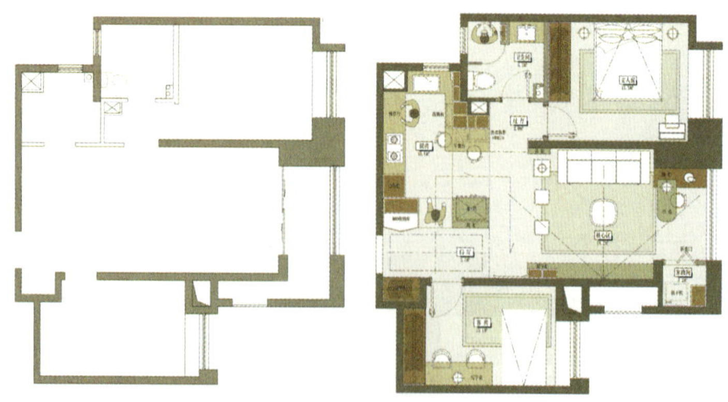

图 2-40　户型优化前后对比

项目 3　室内空间设计平面布置及输出

◆项目概述

平面布置图是室内施工图总方案确定的关键，更是与客户沟通方案的主要内容。本项目主要是让设计师在充分了解客户需求及对已测量居室结构优劣势分析的基础上，适当地对室内空间重新划分后进行各个功能区域的布置。

◆知识和能力目标

掌握室内设计的原则，培养空间重组能力，培养将居住空间的布局和使用功能结合的能力和完成居住空间平面布置的能力。

◆思政目标

培养学生严谨规范、精益求精的制图习惯，和以客户的需求为中心，以客户的满意为目标的服务意识。

任务 3.1 墙体拆改图及面积采集

墙体拆改图表达的是设计师对空间的改造。空间改造是指原有的空间大小可能不符合业主的要求，有必要把有限的空间资源进行改造。

3.1.1 任务描述

表 3–1 所示为“量房信息登记表”和“家庭成员个性需求登记表”，依据收集的施工项目信息对原始结构进行空间改造，绘制墙体原始结构测量图（见图 3–1）。

表 3–1 施工项目信息收集样表

<table>
<tr><td colspan="8">量房信息登记表</td></tr>
<tr><th>空间</th><th>部位</th><th>改电项目</th><th>地面铺设</th><th>顶面方案</th><th>墙面色彩</th><th>装修项目</th><th>补充</th></tr>
<tr><td rowspan="3">公共空间</td><td>玄关</td><td>双控开关</td><td>地板砖</td><td>有梁
做吊顶</td><td>白色
乳胶漆</td><td>鞋柜</td><td>利用率高</td></tr>
<tr><td>客厅</td><td></td><td>地板砖</td><td>四周吊顶</td><td>可贴壁纸或
其他</td><td>造型电视墙</td><td>温馨、大气</td></tr>
<tr><td>厨房</td><td></td><td>地板砖</td><td></td><td></td><td>拆除与阳台的隔墙</td><td></td></tr>
<tr><td>私密空间</td><td>卧室</td><td>双控开关</td><td>地板砖</td><td>压石膏线</td><td>可贴壁纸或
其他</td><td></td><td></td></tr>
<tr><td colspan="8">备注：其他没做要求的功能区域，可自由发挥</td></tr>
</table>

<table>
<tr><td colspan="4">家庭成员个性需求登记表</td></tr>
<tr><th>家庭成员</th><th colspan="2">基本情况</th><th>设计时个性需求</th></tr>
<tr><td rowspan="3">男主人</td><td>年龄</td><td>36 岁</td><td rowspan="3">储物功能强，简约时尚</td></tr>
<tr><td>职业</td><td>私企经理</td></tr>
<tr><td>其他</td><td></td></tr>
<tr><td rowspan="3">女主人</td><td>年龄</td><td>34 岁</td><td rowspan="3">喜静，装修风格一定要温馨、实用
儿童房做踏踏米</td></tr>
<tr><td>职业</td><td>医生</td></tr>
<tr><td>其他</td><td></td></tr>
<tr><td>孩 子</td><td>年龄</td><td>6 岁女孩</td><td>喜欢画画</td></tr>
</table>

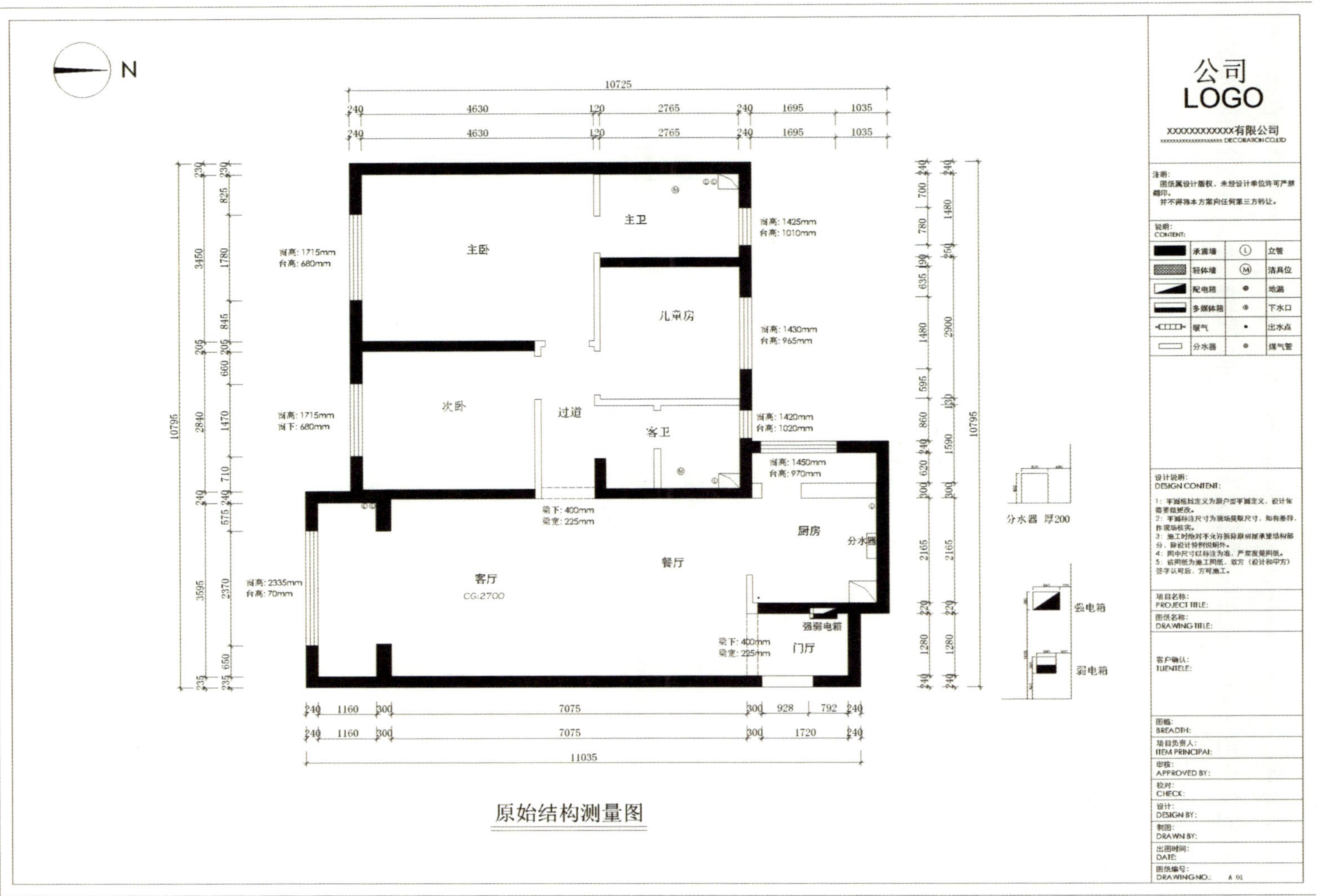

图 3-1　原始结构测量图　　单位：mm

3.1.2 任务分析

本任务是确定整个方案的第一步，完成它需要详细了解客户的需求，并对已测量的居室结构的优劣势进行分析，在此基础上适当地对空间重新划分，然后对各个功能区域进行重新布置。

3.1.3 相关知识

1. 居住空间设计原则

居住空间设计，要在充分考虑人、物、环境三者关系的前提下，为居住者设计一个动线合理、空间宜居的最佳方案。其原则如下：

（1）强调人性化，以居住者需求为设计的出发点。在设计前设计师应该通过与客户沟通详细了解客户的家庭人口构成，民族和地区的传统、特点和宗教信仰，职业特点、工作性质和文化水平，业余爱好、生活方式和生活习惯、个人特征和品位以及经济水平和装修投入资金预算等情况。

设计首先要考虑客户的家庭成员对环境的生理需求和心理需求，使设计让客户满意；再结合设计师的创新理念，在与客户充分沟通的基础上，结合装修预算做通盘考虑，融入室内的整体风格，进行居住空间的布局与使用功能的结合。

（2）注重居住空间设计的安全问题。在设计和施工中，必须确保建筑物的安全，不能随意改变建筑物的承重结构和建筑构造；不能破坏建筑物的外立面，不能占用公用部位；电气设备应安全可靠，符合安全疏散、防火、排水、卫生等设计规范；采用无污染、绿色环保的装饰材料。

（3）空间划分丰富，功能布局合理。在现代室内设计中，人们对居住空间设计的新要求为生态化、人性化、功能化和对空间的再次划分与利用，它往往体现了国民居住环境的高品质，也体现了室内设计师的创新意识与专业水准。

（4）整体构思，注意整体风格协调统一。设计构思、立意是室内设计的灵魂。在动手设计和装饰之前，要根据客户家庭的职业特点、爱好、人口组成、预算等内容做出整体考虑，做到风格协调统一。

（5）从可持续发展的宏观要求出发。首先考虑室内环境的节能，满足自然采光、通风等要求；其次利用合理的技术，满足人工采光、通风、采暖、空调等的基本要求，形成舒适的室内物理环境；最后，考虑居住者近几年常住人员的变动，比如新生儿的加入，老人同住等。

2. 所用命令

1）注释工具：引线标注

执行方式：快捷键；

在“注释命令面板”中选择命令项，或单击“注释”命令选项卡，选择命令项。

（1）引线标注包括三个要素：引出线、箭头及文字。引线标注可引出用户自定义的内容，常用来对图形中某种特定的对象进行说明，如标注立面图和天花布置图中的材料及施工工艺等。

（2）引线标注样式：

打开方式：单击“注释”命令面板，点选“引线标注样式”按钮。

“多重引线样式管理器”主要围绕引线标注的组成要素进行设置，可改变引线样式的外观。可在“新建”命令项新建引线样式，引线将使用当前的引线样式中的设置；可在“修改”命令项修改引线样式的设置；设置各种参数后，图形中的所有引线标注将自动使用更新后的样式。下面以“新建”引线样式“立面图”为例说明新建和修改引线样式的操作过程，具体步骤如表 3-2 所示。

表 3-2 “立面图”引线标注样式创建及应用 单位：mm

序号	操作步骤	图示
1	1. 单击“新建”按钮 2. 弹出“创建新多重引线样式”对话框，命名“立面图” 3. 单击“继续”按钮	
2	4. 根据公司的要求对引出线的颜色等参数进行设置 5. 对“箭头”的样式及大小等参数进行设置 注：室内施工图中一般选用的引线标注箭头样式是“小点”	

续表

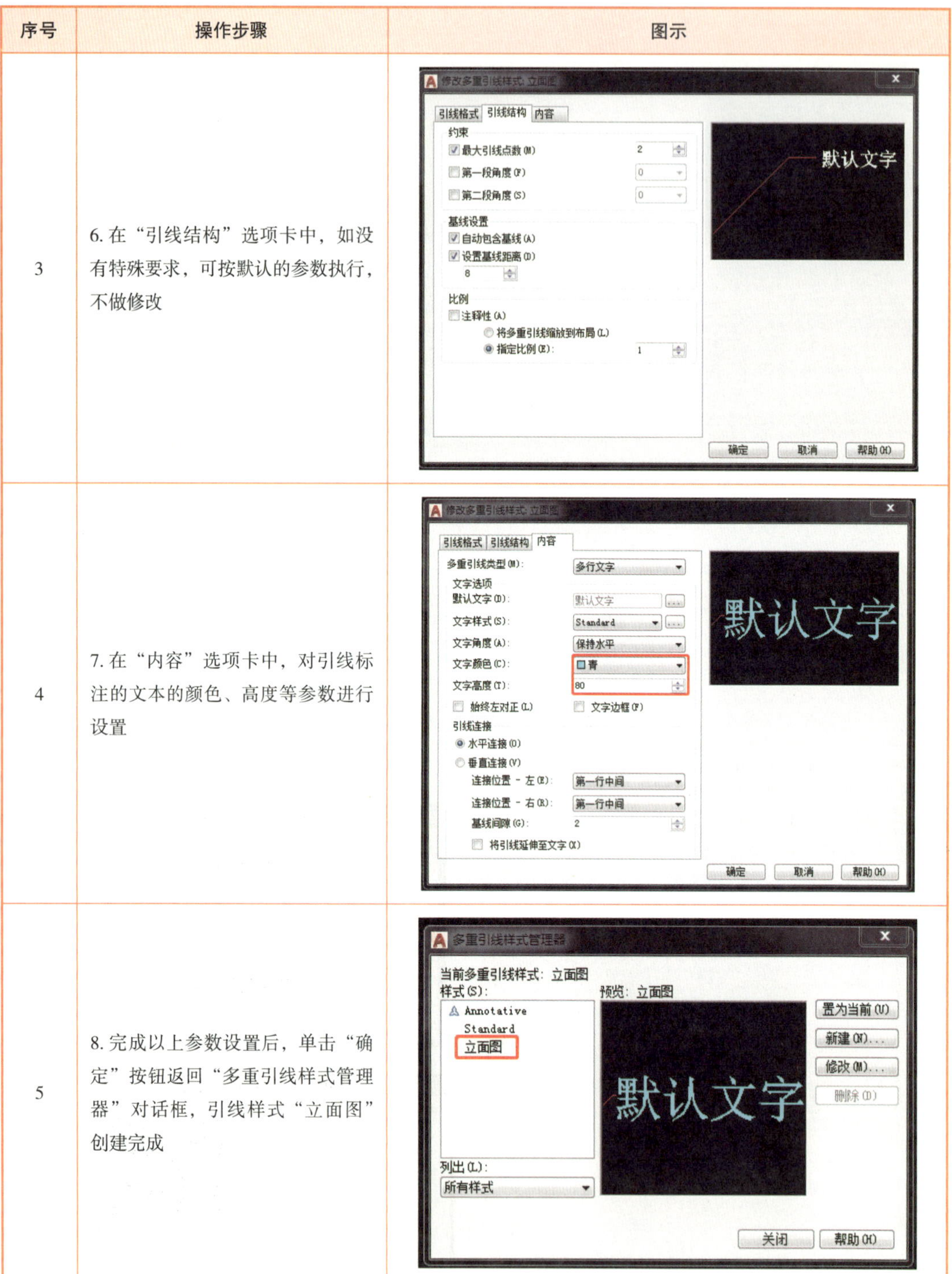

序号	操作步骤	图示
3	6. 在“引线结构”选项卡中，如没有特殊要求，可按默认的参数执行，不做修改	
4	7. 在“内容”选项卡中，对引线标注的文本的颜色、高度等参数进行设置	
5	8. 完成以上参数设置后，单击“确定”按钮返回“多重引线样式管理器”对话框，引线样式“立面图”创建完成	

续表

序号	操作步骤	图示
6	命令：MLD MLEADER 指定引线箭头的位置或 [引线基线优先（L）/ 内容优先（C）/ 选项（O）]< 选项 >： 指定引线基线的位置： （输入：淡黄色墙纸饰面） 其余的引线标注以此类推，标注结果如图示	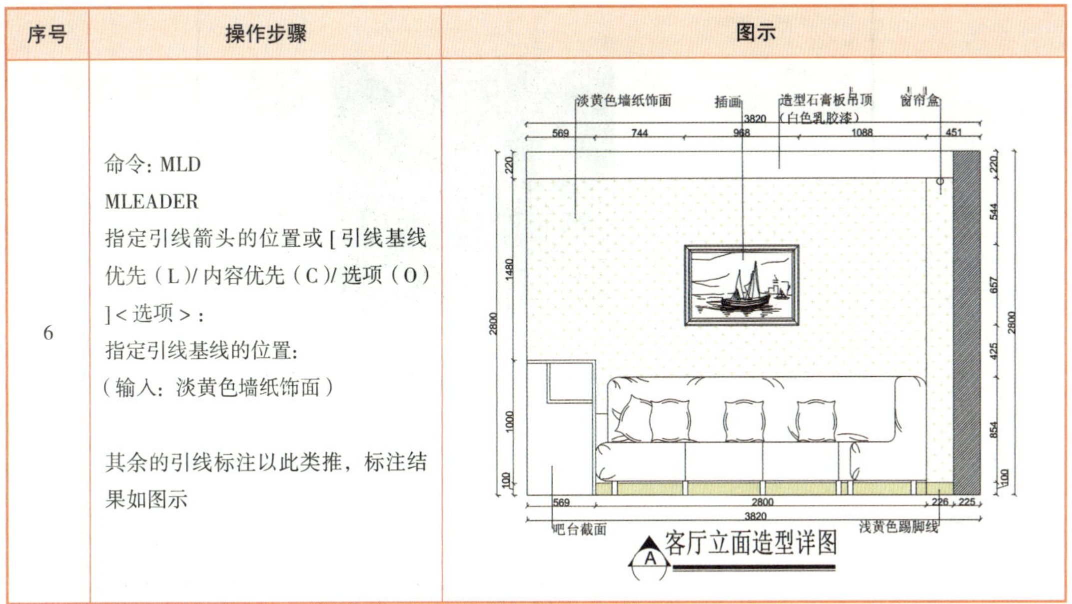

2）注释工具：表格

（1）“插入表格”对话框（见图 3–2）。

执行方式：快捷键；单击“注释”命令面板，选择“表格样式”选项卡。

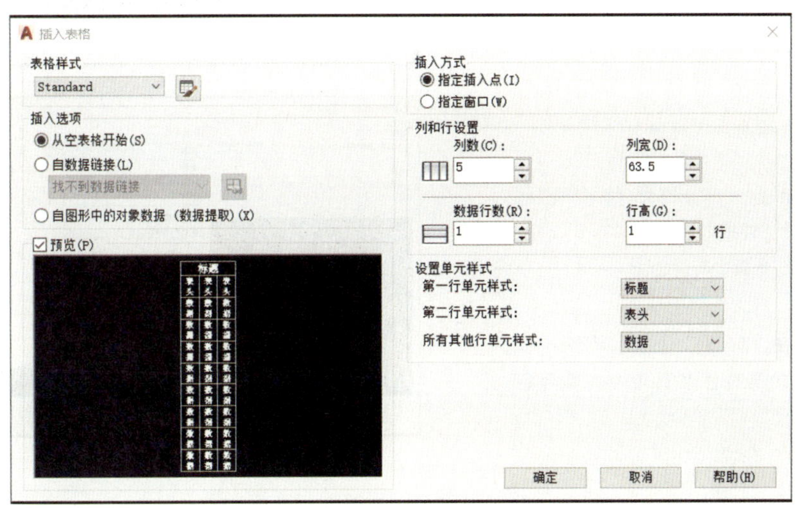

图 3–2　“插入表格”对话框

（2）“新建表格样式”（见图 3–3）。

执行方式：快捷键；单击“注释”命令面板，选择“表格样式”选项卡。

可创建“图测说明”表格样式，具体执行步骤如表 3–3 所示。

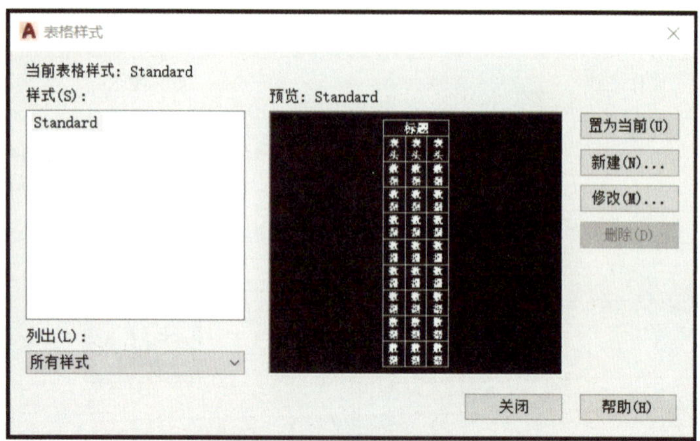

图 3–3　新建表格样式

表 3–3　创建“图例说明”表格样式执行步骤

序号	操作步骤	图示
1	1. 单击“新建”按钮 2. 弹出“创建新的表格样式”对话框，命名“新样式名”，自定义为“图例说明” 3. 单击“继续”按钮	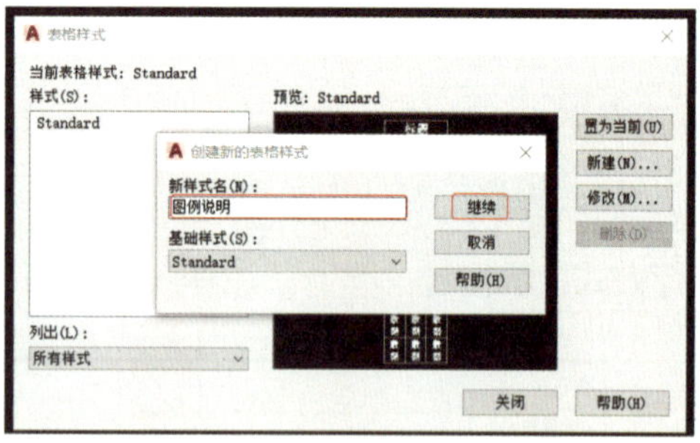
2	4. 根据要求分别对“标题”“表头”“数据”区域的常规、文字、边框参数进行设置。 5. 在“常规”中可对填充颜色、格式等特性及页边距参数进行设置 6. 在“文字”中可对文字的样式、高度、颜色、角度等参数进行文字特性的设置 7. 在“边框”中，可对边框的线宽、颜色等参数进行设置	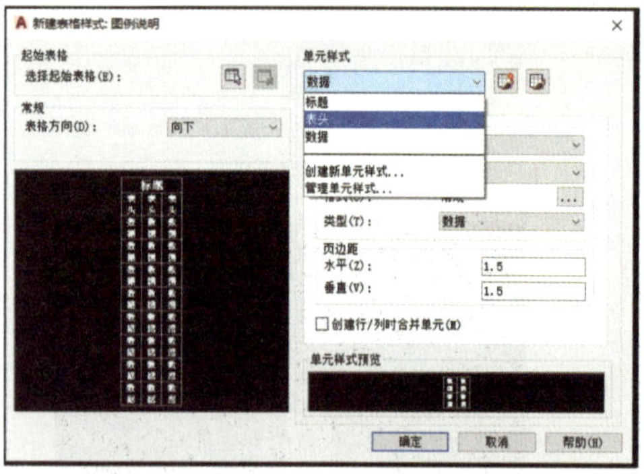 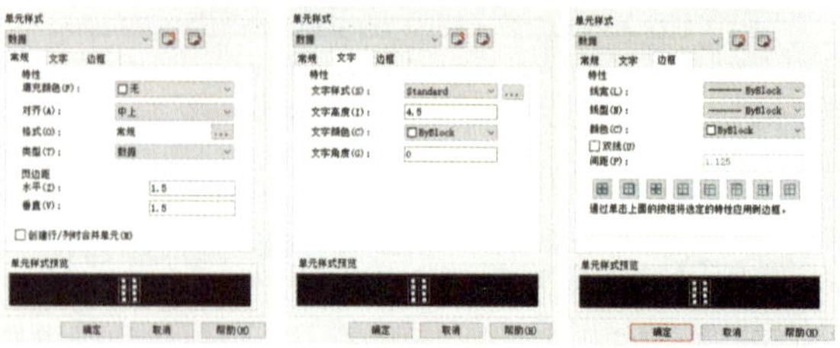

续表

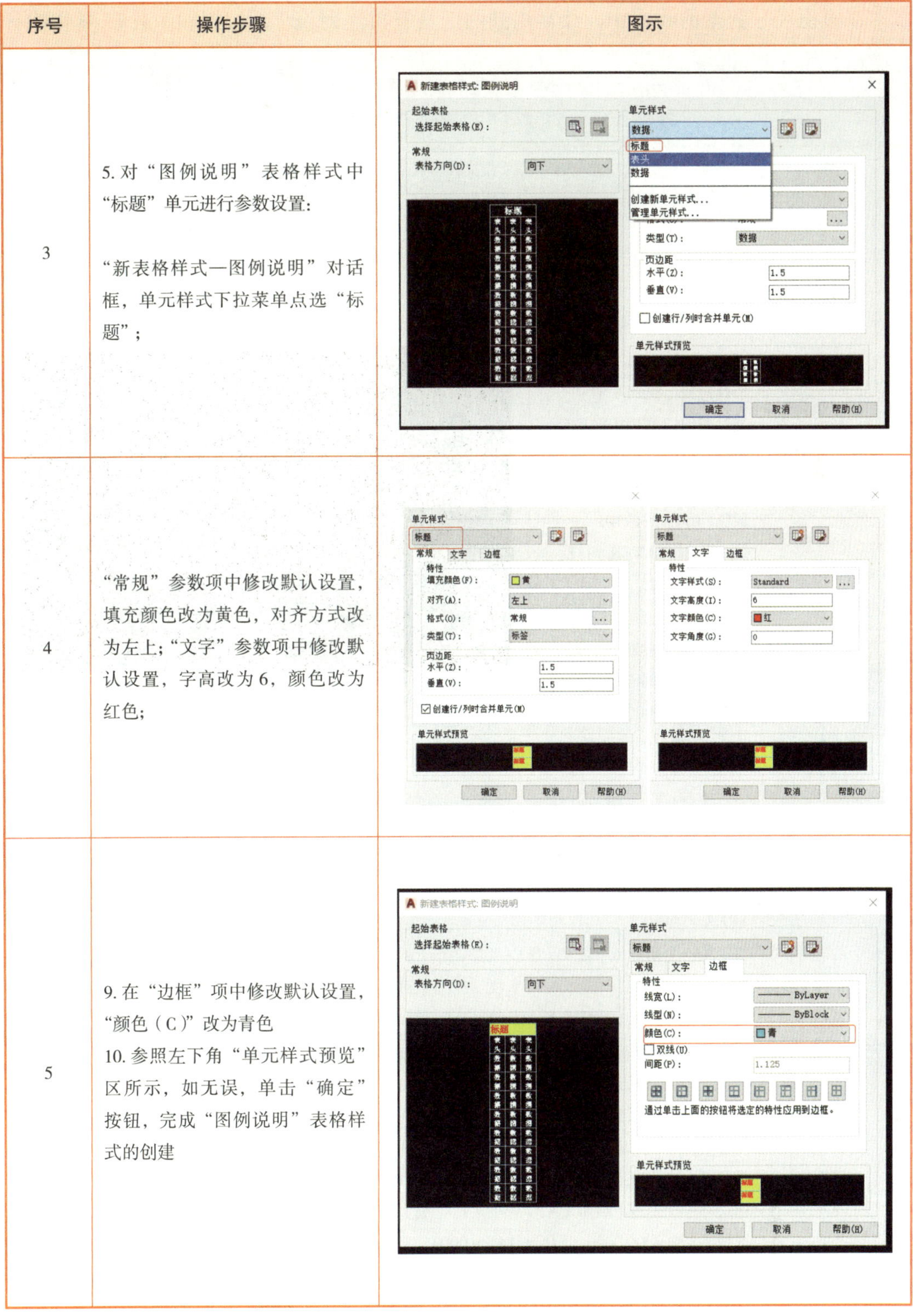

序号	操作步骤	图示
3	5. 对“图例说明”表格样式中“标题”单元进行参数设置: “新表格样式—图例说明”对话框，单元样式下拉菜单点选“标题”;	
4	“常规”参数项中修改默认设置，填充颜色改为黄色，对齐方式改为左上;“文字”参数项中修改默认设置，字高改为 6，颜色改为红色;	
5	9. 在“边框”项中修改默认设置，“颜色（C）”改为青色 10. 参照左下角“单元样式预览”区所示，如无误，单击“确定”按钮，完成“图例说明”表格样式的创建	

3）收集面积尺寸数据经常用的工具

在面积尺寸数据的收集中，经常用到的工具有特性列表（li），面积（aa），具体执行步骤如表 3–4 所示。

表 3–4　特性列表（li）、面积（aa）命令执行步骤　　单位：mm

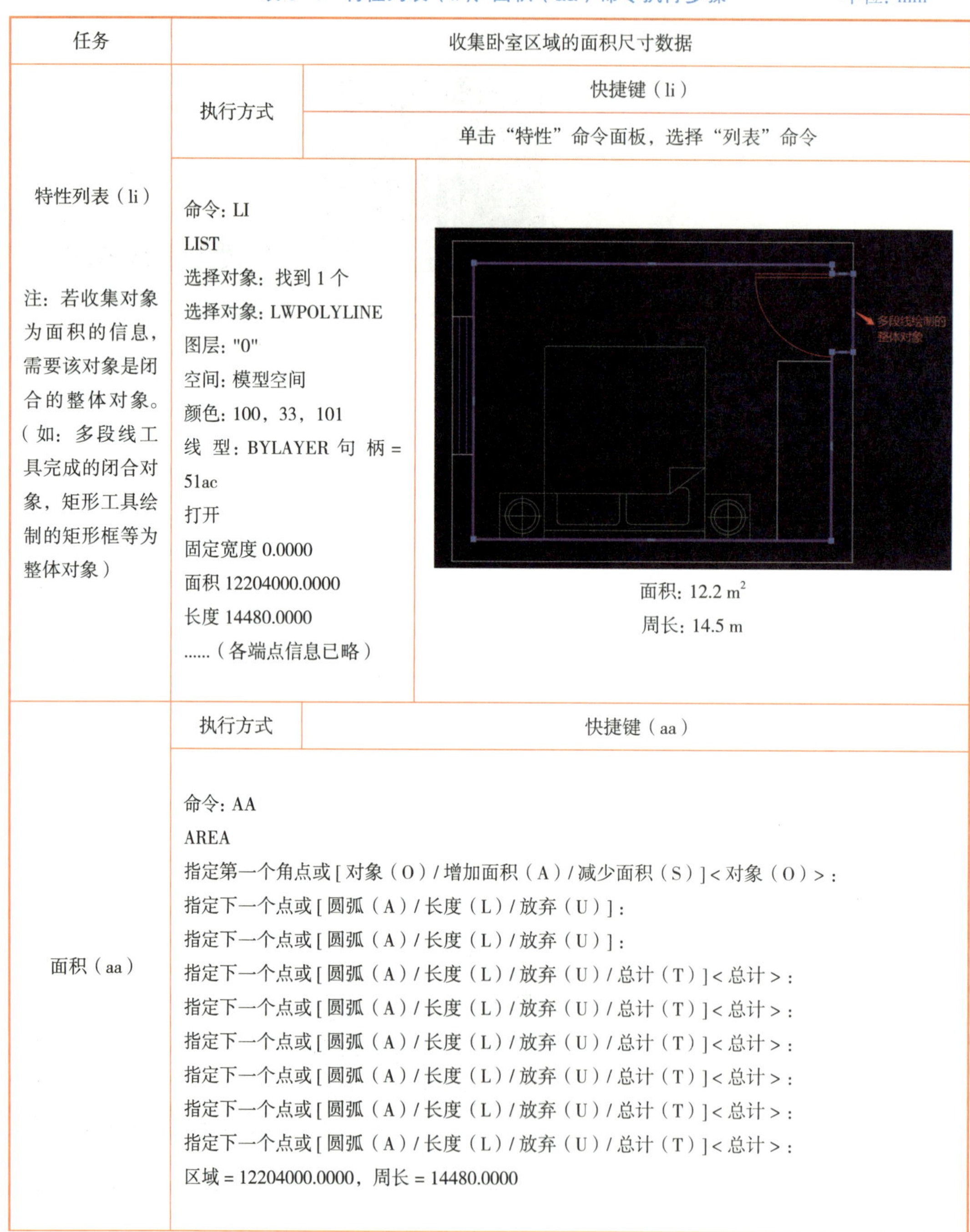

<table>
<tr><td>任务</td><td colspan="3">收集卧室区域的面积尺寸数据</td></tr>
<tr><td rowspan="3">特性列表（li）

注：若收集对象为面积的信息，需要该对象是闭合的整体对象。（如：多段线工具完成的闭合对象，矩形工具绘制的矩形框等为整体对象）</td><td rowspan="2">执行方式</td><td colspan="2">快捷键（li）</td></tr>
<tr><td colspan="2">单击“特性”命令面板，选择“列表”命令</td></tr>
<tr><td colspan="2">命令：LI
LIST
选择对象：找到 1 个
选择对象：LWPOLYLINE
图层："0"
空间：模型空间
颜色：100，33，101
线 型：BYLAYER 句 柄 = 51ac
打开
固定宽度 0.0000
面积 12204000.0000
长度 14480.0000
......（各端点信息已略）</td><td>
面积：12.2 m^2
周长：14.5 m</td></tr>
<tr><td rowspan="2">面积（aa）</td><td>执行方式</td><td colspan="2">快捷键（aa）</td></tr>
<tr><td colspan="3">命令：AA
AREA
指定第一个角点或 [对象（O）/ 增加面积（A）/ 减少面积（S）] < 对象（O）>：
指定下一个点或 [圆弧（A）/ 长度（L）/ 放弃（U）]：
指定下一个点或 [圆弧（A）/ 长度（L）/ 放弃（U）]：
指定下一个点或 [圆弧（A）/ 长度（L）/ 放弃（U）/ 总计（T）] < 总计 >：
指定下一个点或 [圆弧（A）/ 长度（L）/ 放弃（U）/ 总计（T）] < 总计 >：
指定下一个点或 [圆弧（A）/ 长度（L）/ 放弃（U）/ 总计（T）] < 总计 >：
指定下一个点或 [圆弧（A）/ 长度（L）/ 放弃（U）/ 总计（T）] < 总计 >：
指定下一个点或 [圆弧（A）/ 长度（L）/ 放弃（U）/ 总计（T）] < 总计 >：
指定下一个点或 [圆弧（A）/ 长度（L）/ 放弃（U）/ 总计（T）] < 总计 >：
区域 = 12204000.0000，周长 = 14480.0000</td></tr>
</table>

续表

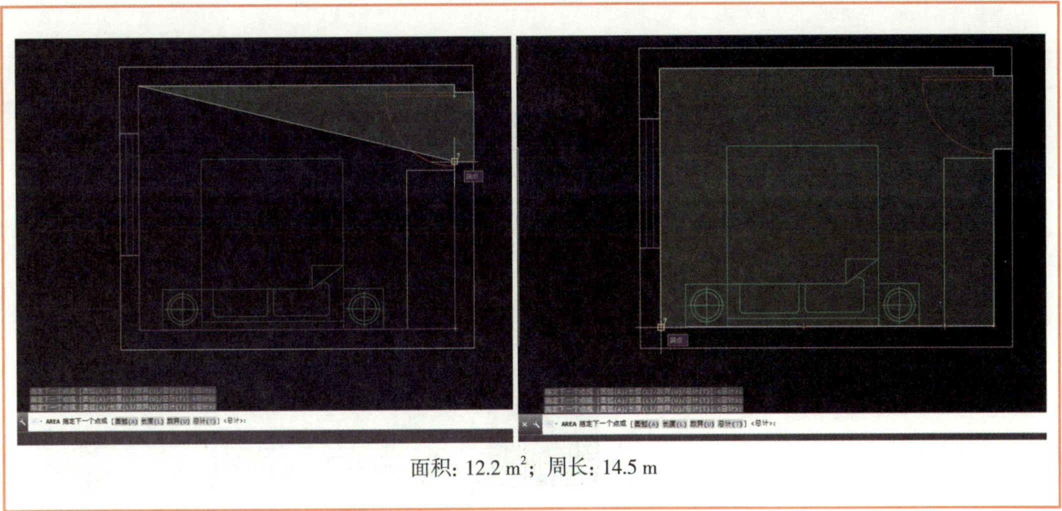

面积：12.2 m^2；周长：14.5 m

3.1.4 任务实施

完成 AutoCAD 表达墙体拆改图及面积尺寸图，具体步骤如表 3–5 所示。

表 3–5　面积尺寸收集及墙体拆改图绘制步骤

序号	操作步骤	图示
1	复制并修改图框信息 注：根据所绘制的户型图的平米数，适当缩放图框	公司 LOGO 原始结构测量图
2	创作拆改墙体的图例 注：每个公司自有通用的图例	说明： CONTENT: 承重墙　L 立管 轻体墙　M 洁具位 配电箱　地漏 多媒体箱　x 下水口 暖气　• 出水点 分水器　煤气管

续表

序号	操作步骤	图示
3	面积尺寸信息收集: 命令：特性列表（li） 或面积（aa） 注：面积尺寸图中需要记录每个功能区的面积、周长以及墙面面积	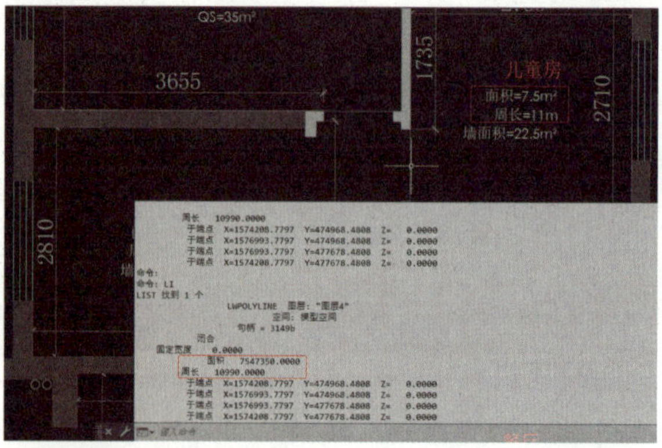 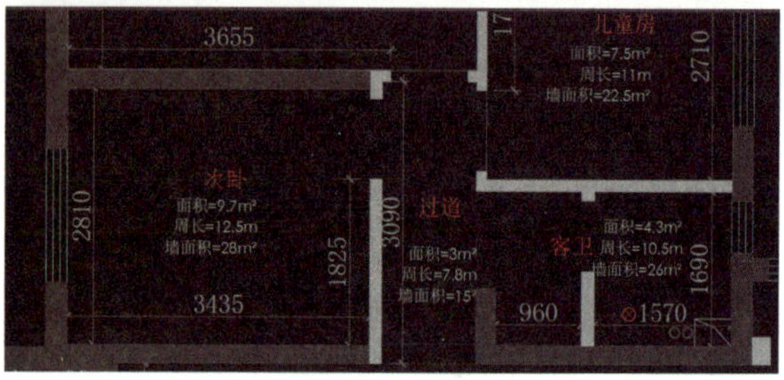 见“图3-4面积尺寸图”
4	绘制墙体拆改图 1. 根据图例表达要删除的墙体 2. 根据图例，表达各包立管工艺中的材质与规格 注：所有建筑承重墙、承重柱、梁位均不得拆除	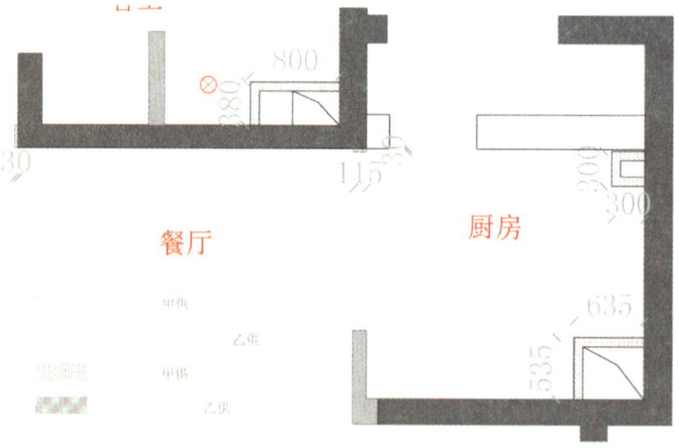 见“图 3-5 墙体拆改图”

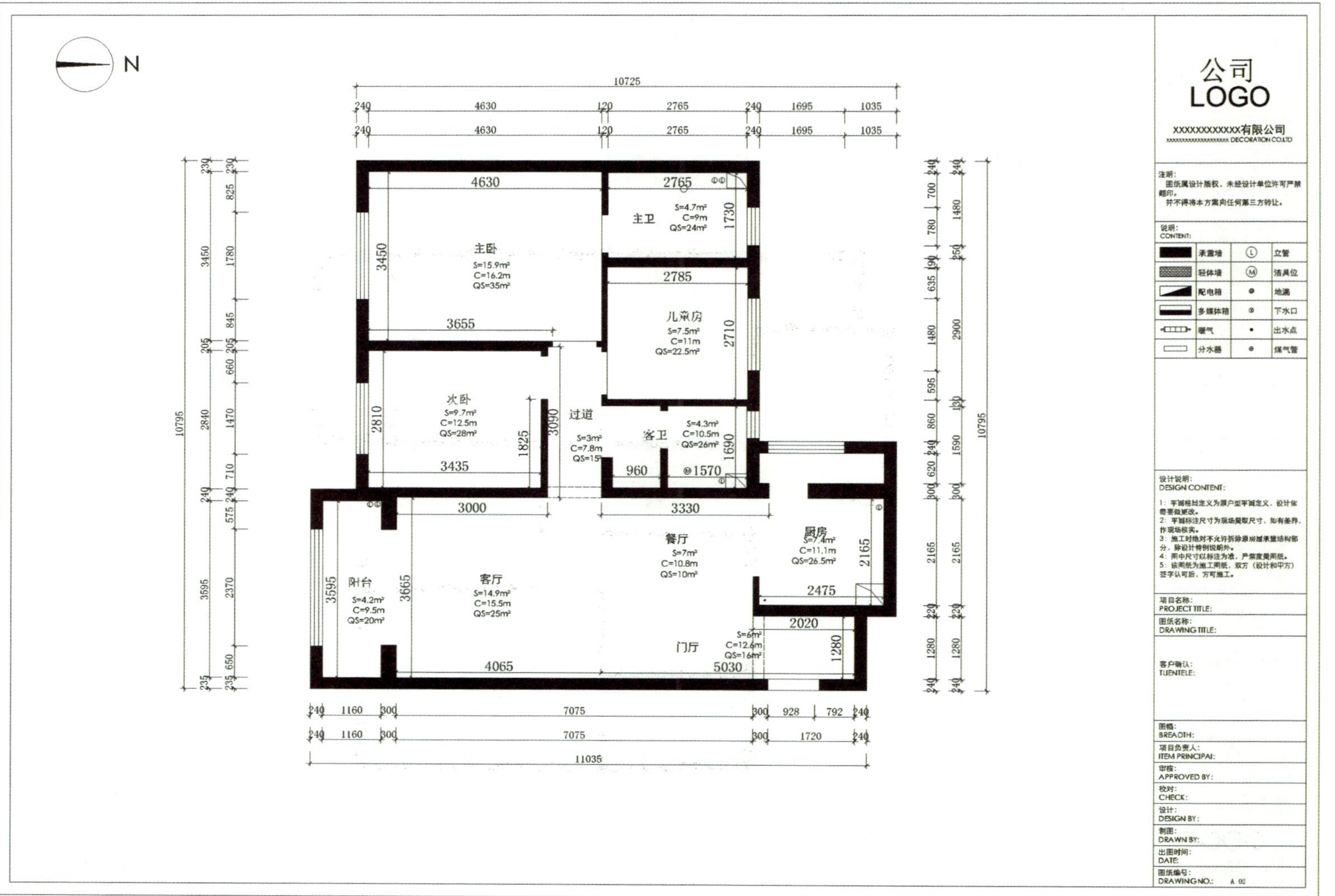

图 3-4　面积尺寸图

单位：mm

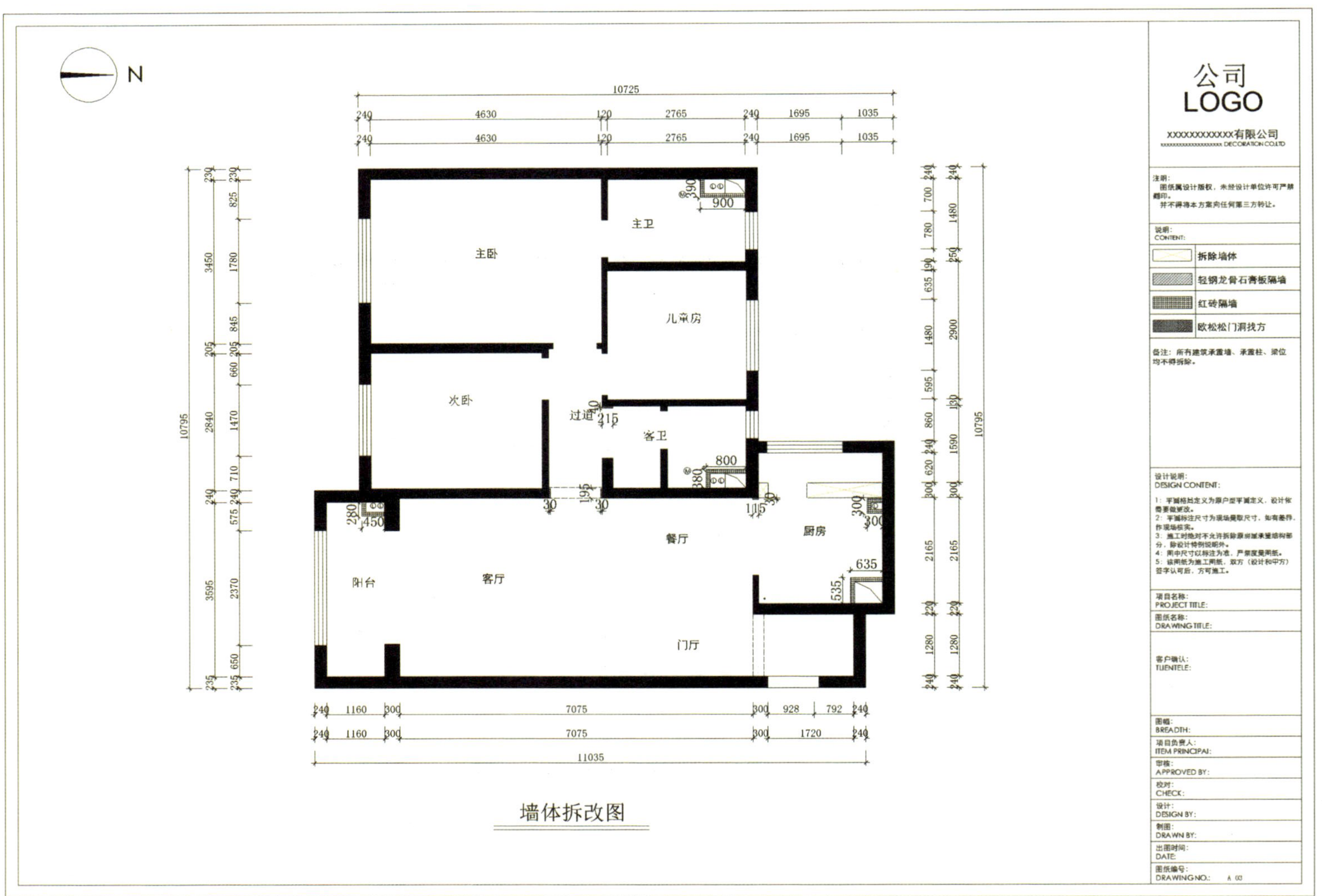

图 3-5　墙体拆改图

单位：mm

3.1.5 任务实施效果评价及反思改进

任务实施效果评价及反思改进报告单如表 3–6 所示。

表 3–6　任务实施效果评价及反思改进报告单

<table>
<tr><td>项目名称</td><td colspan="4">室内空间设计平面布置及输出</td></tr>
<tr><td>学习任务</td><td colspan="4"></td></tr>
<tr><td rowspan="4">任务实施</td><td>序号</td><td>典型工作环节</td><td>实施效果</td><td>评价</td></tr>
<tr><td>1</td><td></td><td></td><td></td></tr>
<tr><td>2</td><td></td><td></td><td></td></tr>
<tr><td>3</td><td></td><td></td><td></td></tr>
<tr><td>反思改进</td><td colspan="4"></td></tr>
</table>

任务 3.2　AutoCAD 表达平面布置图

绘制居住空间平面布置图，关键在于如何合理地进行空间布局、家具摆放。家具是生活中不可缺少的设施，也是室内空间构成的重要因素。设计师在选择家具时应该和室内设计风格相协调，在布置室内家具时，也要充分利用空间，真正发挥家具在室内的作用，将整体布局和细节设计两手抓。

3.2.1 任务描述

在前期任务中，已完成三居室的原始结构测量图、面积尺寸图和墙体拆改图的绘制（见图 3-6），本任务是在此基础上完成三居室户型的平面布置。

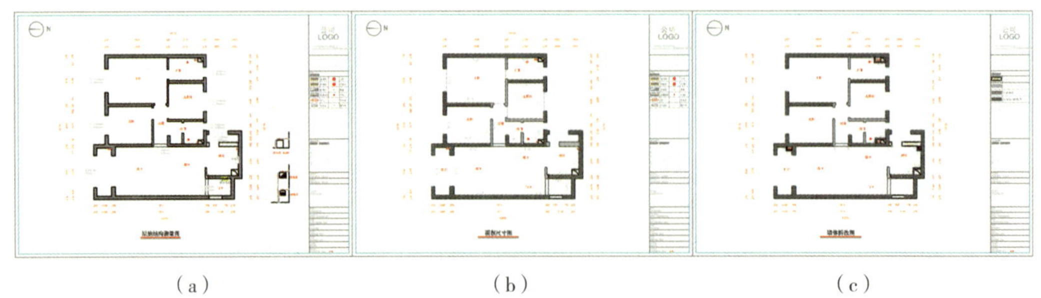

（a）　　　　（b）　　　　（c）

图 3-6　三居室的原始结构测量图（a）、面积尺寸图（b）、墙体拆改图（c）　单位：mm

3.2.2 任务分析

本任务是室内施工图总方案确定的关键，更是与客户沟通方案的主要内容。完成此任务，设计师需在掌握居住空间设计要点的前提下，充分了解客户的需求，并对已测量居室结构的优劣势进行认真分析，在此基础上以平面的方式展现三居室各个功能区域的布置和安排。

3.2.3 相关知识

居住空间设计的要点：空间布置的内在本质是为人，“以人为本”是空间设计的核心，以人的体量为基础，以促进人的交流为目的。居住空间的基本功能包括睡眠、休息、饮食以及学习、工作等。这些功能因素又形成室内空间的静—动、公共—私密、外向—内敛等不同特点的分区。

1. 玄关

玄关是从户外进入室内的过渡空间，是连接户内外空间的缓冲区域。具有实用性、装饰性的功能。玄关是人们进出家门时，完成更衣、换鞋、整理装束等的区域，应布置换鞋区和挂衣区。此外，玄关处一般设有隔断等，其设计浓缩了整个居住空间的风格和情调，起到点缀达意的效果。

2. 客厅

客厅是满足居住者家庭活动、休闲健身、家居美化及家务劳动等活动的空间。应综合考虑相关家具布置，一般布置以组合沙发围合成亲切、舒适的一隅。

客厅平面布置的要点：

（1）畅通性：客厅在家居空间中一般是面积最大的公共区域，畅通性是必须首先考虑的问题。无论是侧边通过式的客厅还是中间横穿式的客厅，都应确保能顺畅地进入或通过客厅。

（2）美观性：客厅作为待客区，更是家居空间设计风格的主要体现之处，一般是整个居室装修最漂亮或最有个性的空间。

（3）家具的适用性：客厅使用的家具，应考虑家庭活动和成员的适用性，最主要考虑的是老人和小孩的使用问题。

近几年，客厅的功能逐渐多元化，可作为亲子阅读区、家庭影视区、儿童玩耍区等，所以，客厅更应综合考虑居住者的实际需求进行布置。如果客厅区有足够大的面积，需要注意空间划分的连贯性、合理性以及弹性空间的开发。

3. 餐厅

餐厅是家庭日常进餐和宴请宾客的重要活动空间，餐厅根据空间的大小，布置的餐桌以组合式为主，以餐厅或用餐区位的空间大小与形状以及家庭的用餐习惯，选择适合的家具。餐厅中除设置餐桌椅外，还可设置餐边柜。餐厅中的餐边柜造型与酒具的陈设，以及优雅整洁的摆设可以产生赏心悦目的效果。

餐厅的功能性较为单一，因而餐厅设计须从空间界面、材质、灯光、色彩以及家具的配置等方面来营造一种适宜进餐的氛围。

4. 厨房

厨房是专门为人们提供日常饮食服务的空间，在进行厨房设计时，要按照“取—洗—切—烹—盛”的家庭烹饪流程，根据人体工程学原理及烹饪灶具储存需要，设计操作台、洗菜池、炉灶、橱柜等设施，从而达到合理布局、充分利用空间和提高工作效率的目的。

厨房区平面布置要点：功能流线简洁合理。

（1）厨房设计的最基本概念是“三角形工作空间”，洗菜池、冰箱及灶台要安放在适当的位置，最理想的是它们的安放呈三角形，相隔的距离最好不超过 1 m。

（2）工作台宽度依灶具和洗菜池规格设定（一般为 500~600 mm）。

（3）开放式厨房，根据空间的大小设置中岛台，或延伸工作台或设吧台。

5. 卧室

卧室根据使用者不同，设计也各不相同。设计师往往会根据卧室使用者的年龄、生活习惯来做针对性的设计。卧室的使用面积一般是 12 m^2 左右。卧室空间不宜过大，隐秘性强；要创造安静、轻松的环境。卧室设计旨在营造一个安静、温馨的睡眠空间。

卧室兼书房：除是睡眠空间外，还是办公、学习、会客的空间，因此还应具备书写、阅读、谈话等功能。在设计时还要注意满足读书、待客等活动以及相应家具所需要的空间要求。

卧室兼影音空间：根据客户的要求，除了影音空间对收音和隔音的要求外，在设计上，满足观影等活动的相应家具的布置。

卧室兼健身空间：在设计上，还要满足客户健身活动的相应家具的布置。

6. 卫生间

卫生间应满足厕所、浴室、盥洗空间之用。

（1）在设计时，首先要注意各种卫浴设施的尺寸，不拥挤是大前提，要保证每个卫浴设备在使用空间上都有一定的距离。

（2）卫生间地面要外高内低。外侧可以用来放脸盆、马桶，内侧放淋浴、浴缸，既能防水防潮，还能达到干湿分离的效果。

（3）卫生间马桶位原本的布局位置最好不动。卫生间的下水道等都是在施工时已经做好的，一旦改动，出现下水道堵塞等问题的概率会更大。

7. 阳台

阳台是住宅通向自然的过渡空间。阳台具有晾晒衣物、培植花草和储存物品等使用功能，是住宅功能中不可或缺的空间。阳台如有下水道可考虑布置洗衣机和洗手池。

8. 走道与楼梯

走道与楼梯是户内房间的联系纽带，其功能是避免因房间穿套而造成空间之间的穿插与干扰。平面布置要点：

（1）能便捷地连接各个功能空间。

（2）经济节约，避免过道延伸过长。可根据空间的大小，在居室沿过道一侧设置开向过道的壁柜。

（3）尽可能地将主要交通都组织在过道中，尽量提高过道的利用率。

3.2.4 任务实施

1. 户型分析

人口构成：常住人口 3 人，孩子现在 6 岁，后期需要考虑孩子的独立生活空间。

户型结构：原始户型为三居两卫一厨一厅。整体面积大概有 120 m^2，整体格局方正，尺度也很宽阔。不足之处是厨房外接阳台只有 1.5 m^2，作为储物空间略显狭小，且影响厨房的采光。经与业主沟通，将拆除厨房与阳台的隔墙，扩大厨房空间。

2. 平面布置图

1）布置图表达的主要内容

（1）建筑主体结构（如墙、柱、台阶、楼梯、门窗等）的平面布置、具体形状以及各种房间的位置和功能等。

（2）室内家具陈设、设施（电器设备、卫生盥洗设备等）的形状、摆放位置和说明。

（3）隔断、装饰构件、植物绿化、装饰小品的形状和摆放位置。

（4）尺寸标注：一是建筑结构体的尺寸，二是装饰布局和装饰结构的尺寸，三是家具、设备的尺寸。

（5）门窗的开启方式及尺寸。

（6）详图索引、各面墙的立面投影符号（内视符号）及剖切符号等。

（7）表明饰面的材料和装修工艺要求等的文字说明。依据平面布置图可进行家具、设备购置单的编制工作，结合尺寸标注和文字说明，可制作材料使用计划和施工安排计划等。

2）布置三居室

（1）打开图例库。

（2）复制建筑结构测量图，修改图名为“平面布置图”，修改图框标题栏中图名、图号。

（3）根据以上户型分析及居住空间布置的要点，绘制或插入所选家具图例，完成平面布置图（见图 3–7）。

注意：因家具图例是按 1∶1 的比例绘制而成，故插入家具图例后，可做横向或纵向的单向尺寸的修改，但不能进行任何的同比例缩放。

平面布置图绘制步骤如表 3–7 所示。

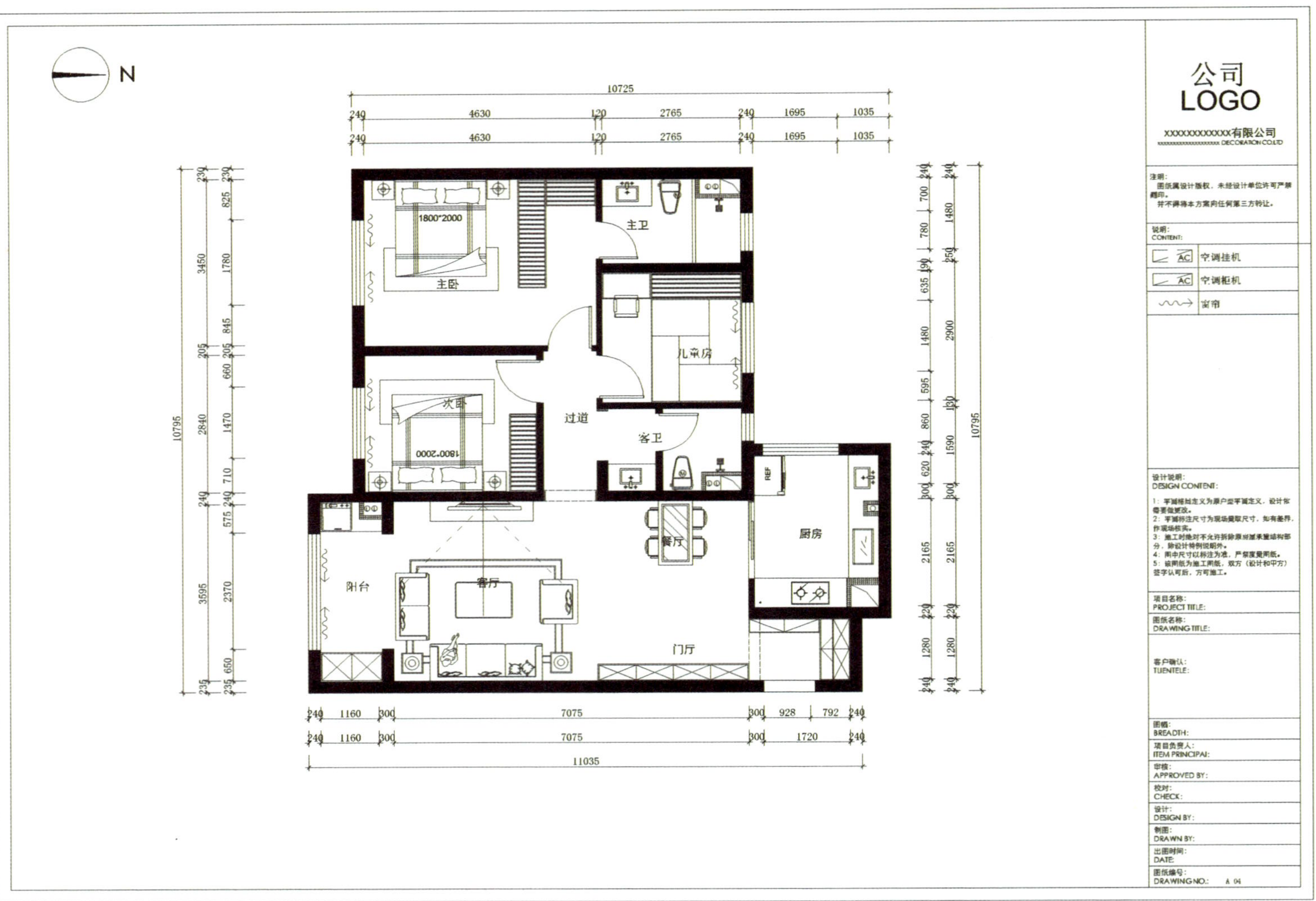

图 3-7　平面布置图

单位：mm

表 3–7　平面布置图绘制步骤

序号	操作步骤	图示
1	1. 复制墙体拆改图，并删除已拆墙体 2. 修改图名为“平面布置图” 3. 修改标题栏中图名、图号等内容	
2	4. 更换所用图例及说明	
3	5. 布置主卧及主卫 卧室和卫生间，以 L 形的衣柜布置，达到很好的阻隔的同时将空间分为两个部分 6. 布置其他卧室 儿童卧室空间只有 7.5 m^2，为了更合理地利用空间并增加储物功能，设计为榻榻米	

续表

序号	操作步骤	图示
4	7. 布置客厅 + 阳台 合理利用阳台空间，设置洗手台 + 洗衣机	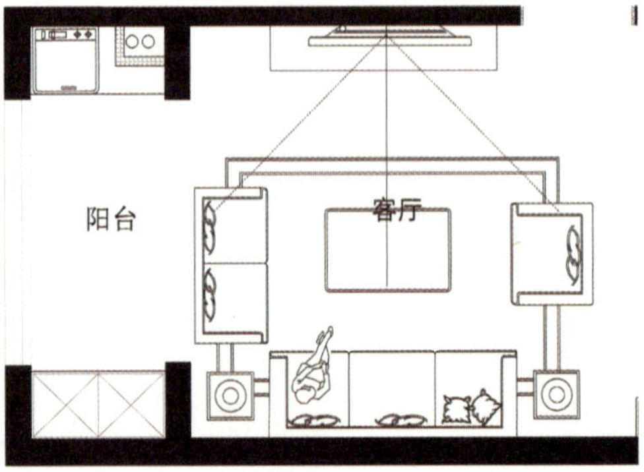
5	8. 布置厨房 + 餐厅 厨房区拆改了墙体后，“三角工作区”空间更大，采光更好	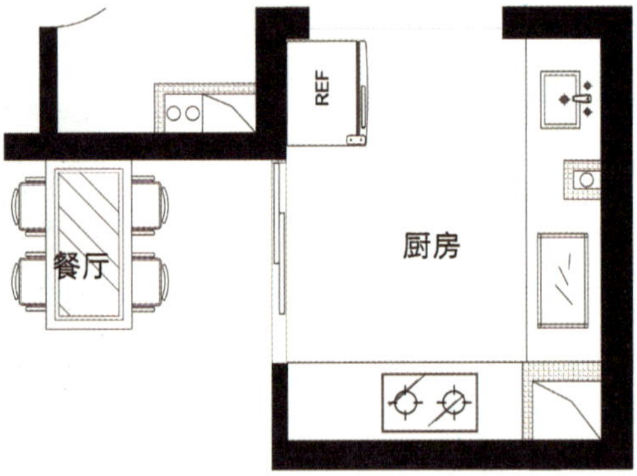
6	9. 布置门厅 在不影响过道通畅性的基础上，设计鞋柜综合柜，增加收纳功能	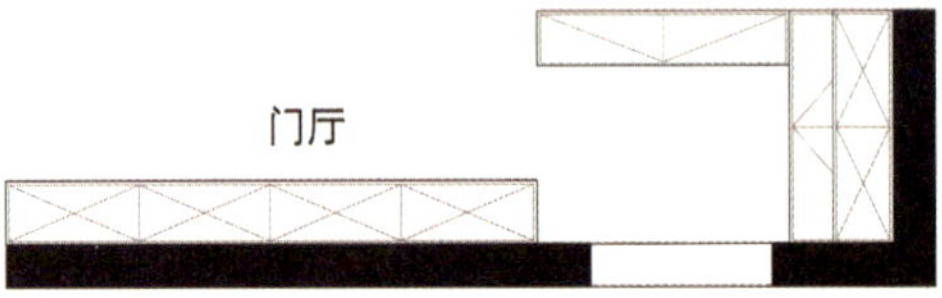
7	9. 布置次卫（干湿分区） 干湿分离包括洗手台、浴室分离，或者淋浴区与坐便、面盆区的分离。干是指洗手台，湿是指浴室。干湿分离使用起来更为方便	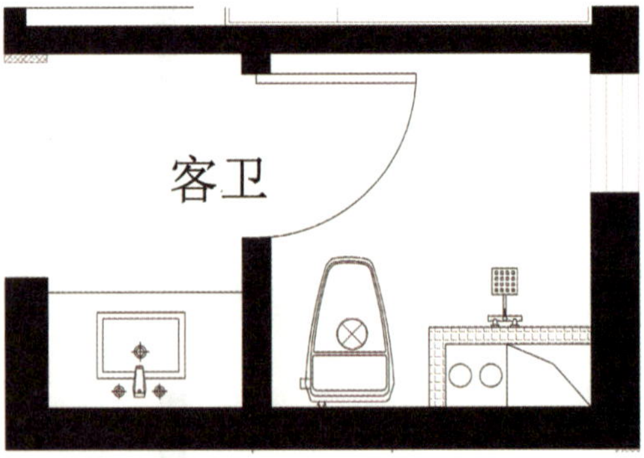

图 3-8 和图 3-9 所示分别为客厅、餐厅、门厅平面图和效果图，这类效果图可以更好地理解平面布置图例的表达。

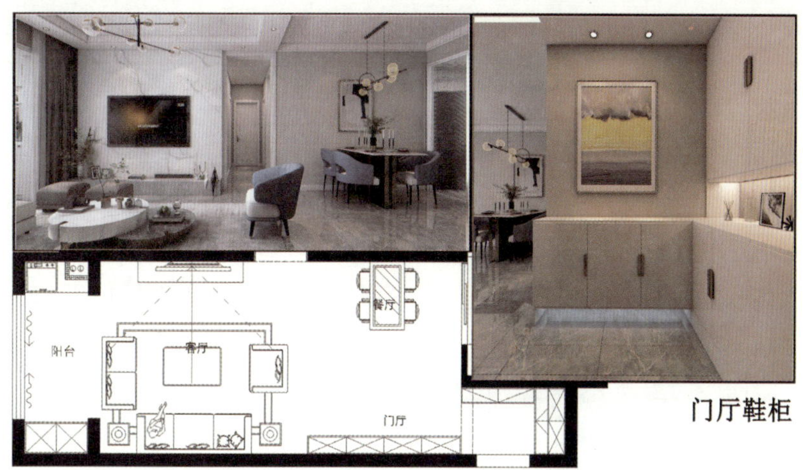

图 3-8 客厅、餐厅及门厅鞋柜的平面布置图及效果图

图 3-9 客厅布置效果图

3.2.5 任务实施效果评价及反思改进

表 3–8 所示为任务实施效果评价及反思改进报告单。

表 3–8 任务实施效果评价及反思改进报告单

<table>
<tr><td>项目名称</td><td colspan="4">室内空间设计平面布置及输出</td></tr>
<tr><td>学习任务</td><td colspan="4"></td></tr>
<tr><td rowspan="4">任务实施</td><td>序号</td><td>典型工作环节</td><td>实施效果</td><td>评价</td></tr>
<tr><td>1</td><td></td><td></td><td></td></tr>
<tr><td>2</td><td></td><td></td><td></td></tr>
<tr><td>3</td><td></td><td></td><td></td></tr>
<tr><td>反思改进</td><td colspan="4"></td></tr>
</table>

任务 3.3 打印输出平面布置图

3.3.1 任务描述

（1）按 1∶100 的比例打印三居室平面布置图。

（2）输出分辨率 300 像素 / 英寸高清的三居室平面布置图。

3.3.2 任务分析

（1）完成上述图形的打印，需要添加打印机，设置打印样式、打印参数。

（2）AutoCAD 2022 版输出高清图片格式有两种方法：一种是采用虚拟打印的方法，可输出 JPG、TIF、PNG 图片格式；另一种是将 CAD 图形保存成 EPS 格式，再用 Photoshop

打开并设置分辨率，再保存成其他图片格式。

3.3.3 相关知识

随着版本的不断更新，AutoCAD 打印输出更为便捷。AutoCAD 打印可在模拟空间和布局空间中打印，当需要在同一张纸上输出不同比例的图形时，需要在布局空间中进行，除此以外，均可在模型空间中打印。

模型空间打印图纸更为便捷，可以以同一比例进行打印，也可以忽略比例直接以纸张大小进行打印。

1. 在模型空间打印出图

1）添加打印机

在进行打印输出操作前，首先要设置好打印机等输出设备。

执行方式：单击“主菜单”—“打印”—“管理绘图仪”，打开“Plotter”文件夹（见图 3-10）。双击“添加绘图仪向导”，按步骤依次设置添加打印机。

图 3-10 “Plotter”文件夹

下面以添加 Adobe 下的“Postscript Level 1”绘图仪为例说明添加打印机的步骤（见表 3-9）。

表 3-9　添加 Adobe 下的“Postscript Level 1”绘图仪的步骤

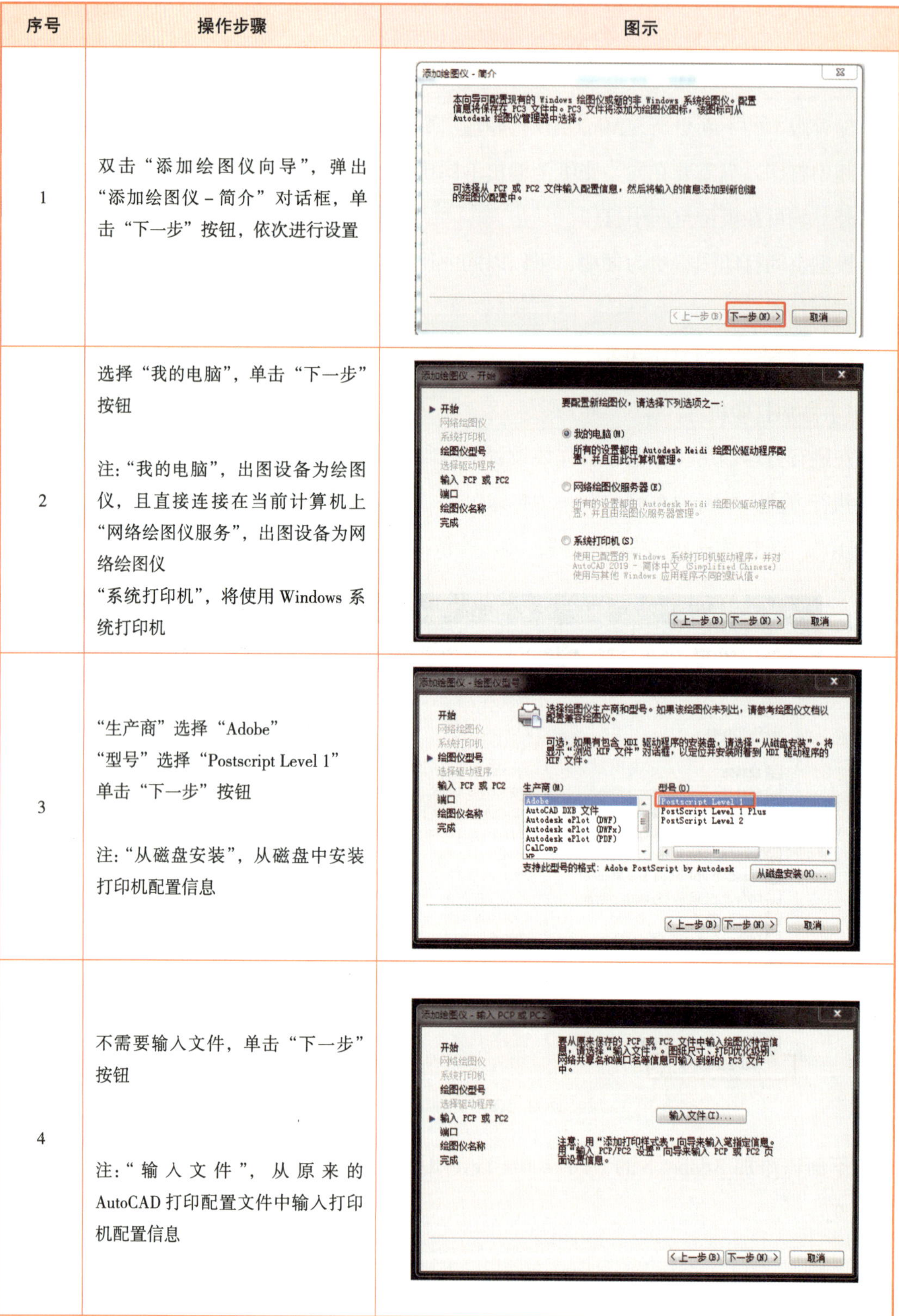

序号	操作步骤	图示
1	双击“添加绘图仪向导”，弹出“添加绘图仪 - 简介”对话框，单击“下一步”按钮，依次进行设置	
2	选择“我的电脑”，单击“下一步”按钮 注：“我的电脑”，出图设备为绘图仪，且直接连接在当前计算机上 “网络绘图仪服务”，出图设备为网络绘图仪 “系统打印机”，将使用 Windows 系统打印机	
3	“生产商”选择“Adobe” “型号”选择“Postscript Level 1” 单击“下一步”按钮 注：“从磁盘安装”，从磁盘中安装打印机配置信息	
4	不需要输入文件，单击“下一步”按钮 注：“输入文件”，从原来的 AutoCAD 打印配置文件中输入打印机配置信息	

续表

序号	操作步骤	图示
5	选择“打印到文件”项，单击“下一步”按钮 注:“打印到文件”可以通过“打印对话框”确定后，输出到文件，即保存成“.eps”图片格式	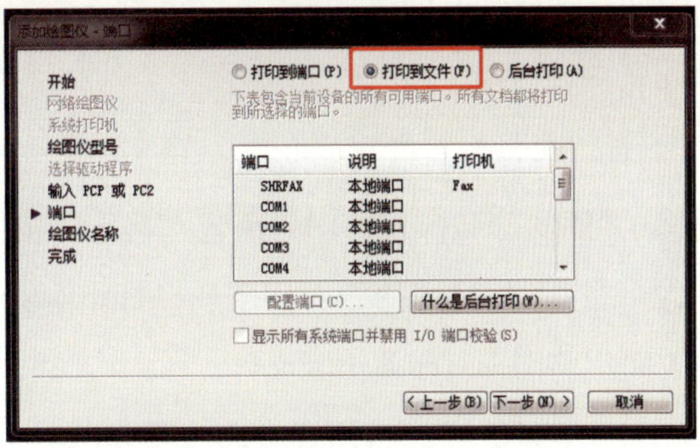
6	命名绘图仪名称，为了更好地识别，命名为“高清图片”，单击“下一步”按钮	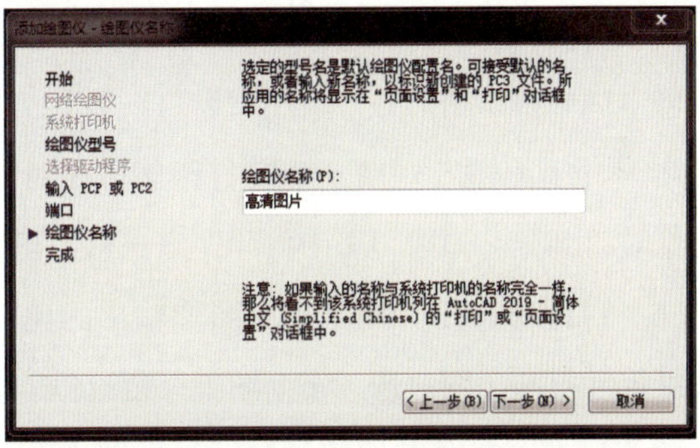
7	可进行“编辑绘图仪配置”和“校准绘图仪”中相关参数的设置，单击“完成”按钮，打印机添加完成 注：本次操作可不用其他设置	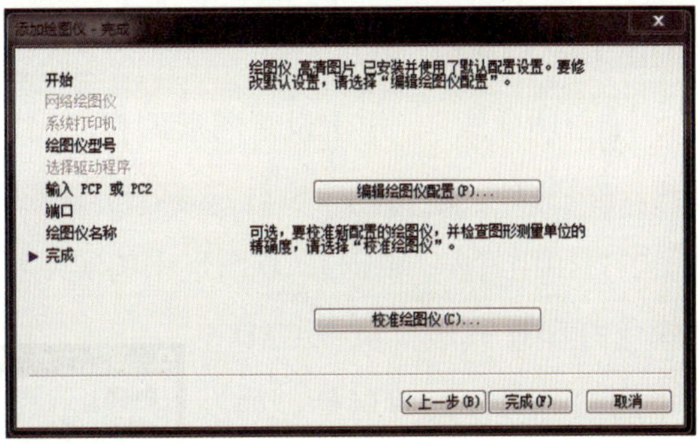
8	查看“Plotter”文件夹，“高清图片”虚拟打印机已完成添加	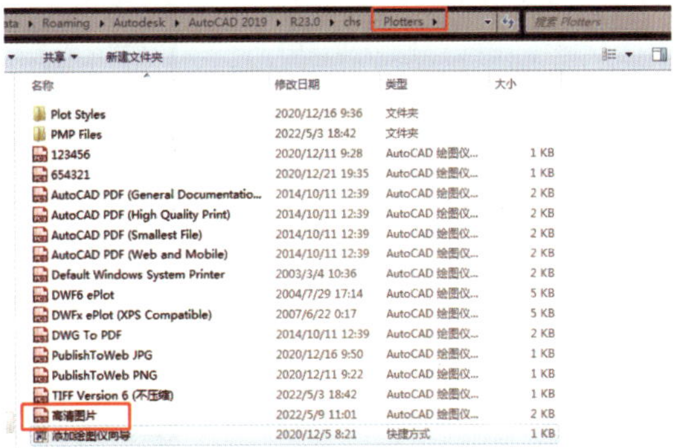

2）打印图形

执行方式：快捷键“Ctrl+P”；

单击“主菜单”—“打印”；

单击“快速访问栏”打印机图标。

“打印 – 模型”对话框（见图 3–11）中主要针对以下参数进行设置：

（1）“预览”：可实现打印的预览；“确定”按钮：可实现“打印到文件”后文件的保存。

（2）“打印机 / 绘图仪”：用于选择打印输出的设备或绘图仪。勾选“打印到文件”复选框，可以将图形打印输出到文件。

（3）“图纸尺寸”：根据要求选择图纸。

（4）“打印范围”：打印范围有四个选项，分别为“显示”“窗口”“范围”“图形界限”。在模型空间中打印图形经常采用“窗口”方式选择打印的图纸范围。

（5）“打印偏移”：用于确定打印区域相对于图纸左下角的偏移量。选择时，主要考虑图纸装订部分。勾选“居中打印”复选框，可使图形位于图纸的中间位置。

（6）“打印比例”：用于确定图形输出的比例。如果在模型空间中打印图形时需要根据图纸尺寸打印，则勾选“布满图纸”复选框。

（7）“图形方向”：用于设置图形在图纸上的方向。可参考对话框中的预览区，选择合适的图形的方向。

（8）“打印样式”：用于设置图形的打印输出的效果。AutoCAD 2022 提供了两大类打印样式，颜色打印样式表（.ctb）和命名打印样式表（.stb）。

命名打印样式表：根据 CAD 图形中的实体对象和图层配置属性。

颜色打印样式表：根据 CAD 图形中的颜色对象配置属性。如将红色的对象，配置黑色、0.75mm 的线宽，如此，本是红色的对象就会以黑色、0.75mm 的线宽打印输出到图纸上。图 3–12 中：本是以不同颜色线条绘制的餐厅和客厅区域（a），但是选择“monochrome.ctb”全黑的打印样式输出后，打印到图纸上呈现的

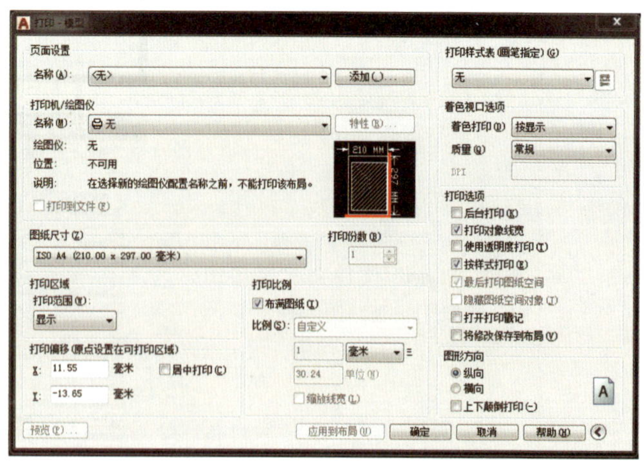

图 3–11 “打印 – 模型”对话框

都是黑色的线条（b）。

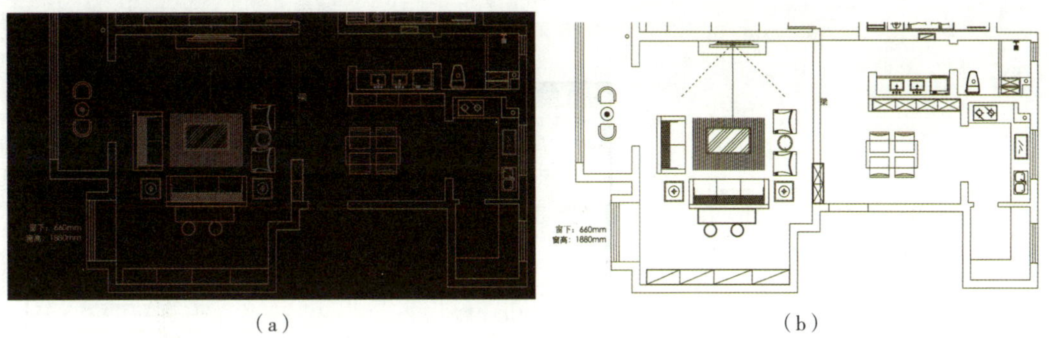

（a）　　　　　　　　　　　　（b）

图 3-12　CAD 源图形与打印图形对比

在室内施工图打印出图时常用的打印样式表为“颜色打印样式表”。如要对两种打印样式进行设置与转换，可通过执行“选项（OP）”—“打印和发布”命令（见图 3-13），单击“打印样式表设置”按钮，进行转换。

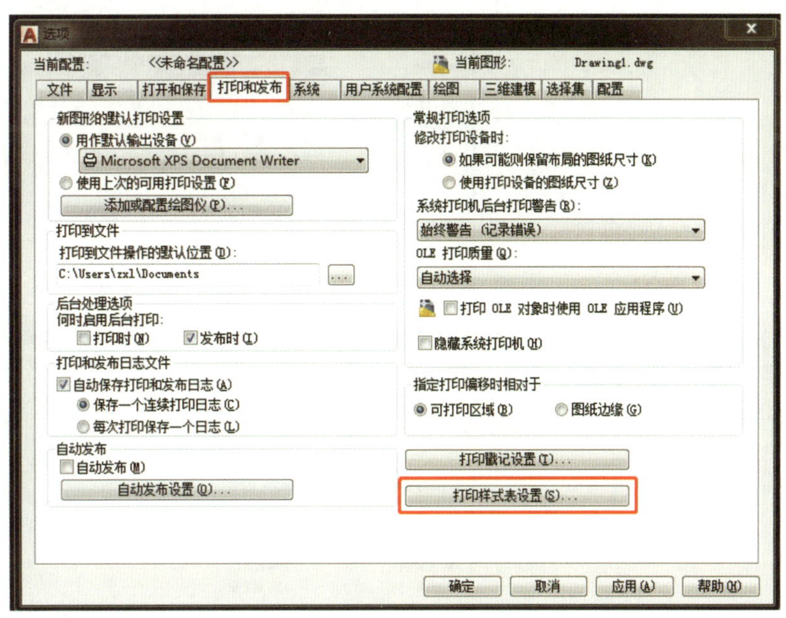

图 3-13　“选项”—“打印和发布”

表 3-10 以添加“红色、黄色变黑色”的打印样式为例说明新建颜色相关打印样式的步骤。

表 3-10　添加“红色、黄色变黑色”的打印样式

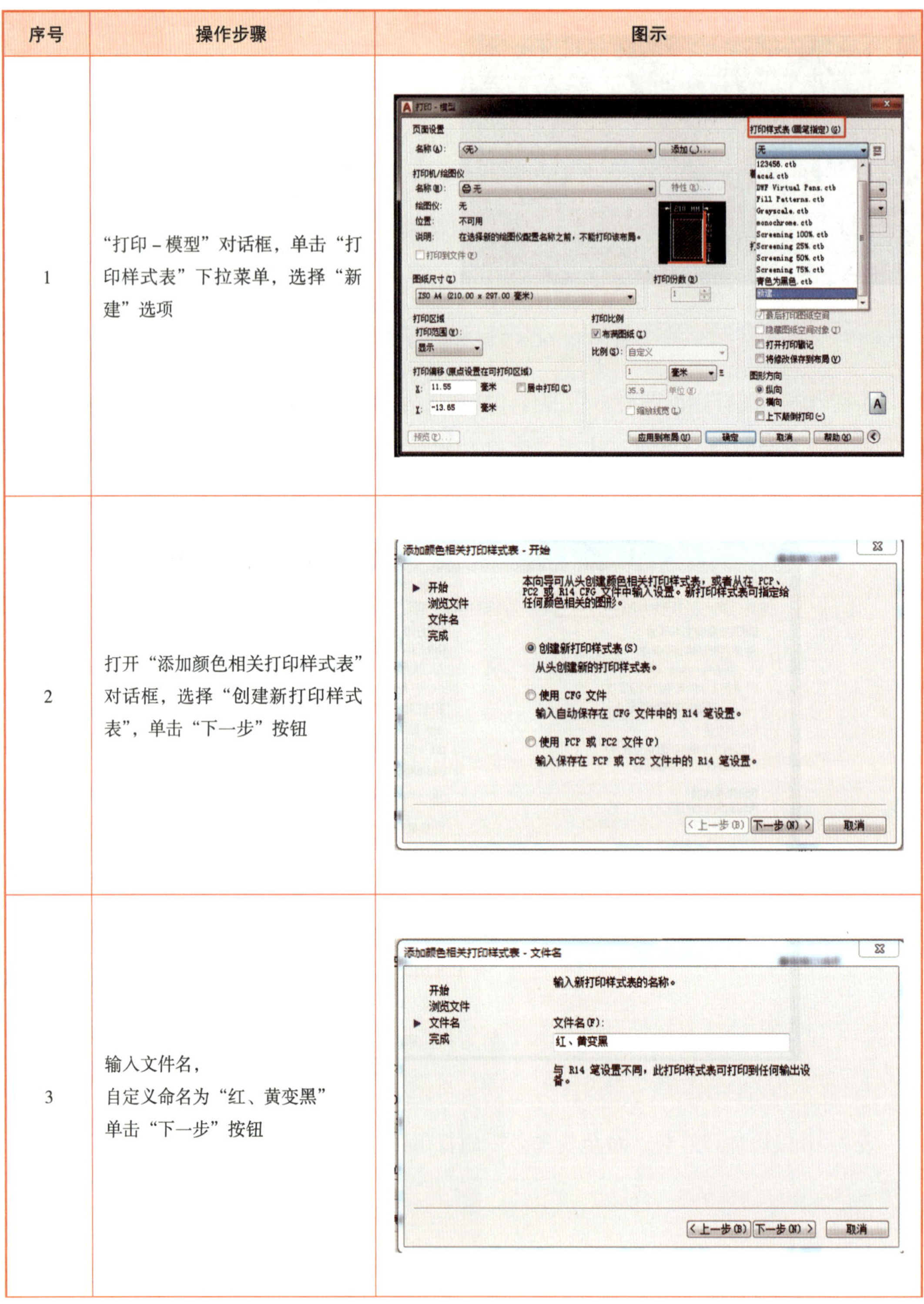

序号	操作步骤	图示
1	“打印 - 模型”对话框，单击“打印样式表”下拉菜单，选择“新建”选项	
2	打开“添加颜色相关打印样式表”对话框，选择“创建新打印样式表”，单击“下一步”按钮	
3	输入文件名， 自定义命名为“红、黄变黑” 单击“下一步”按钮	

续表

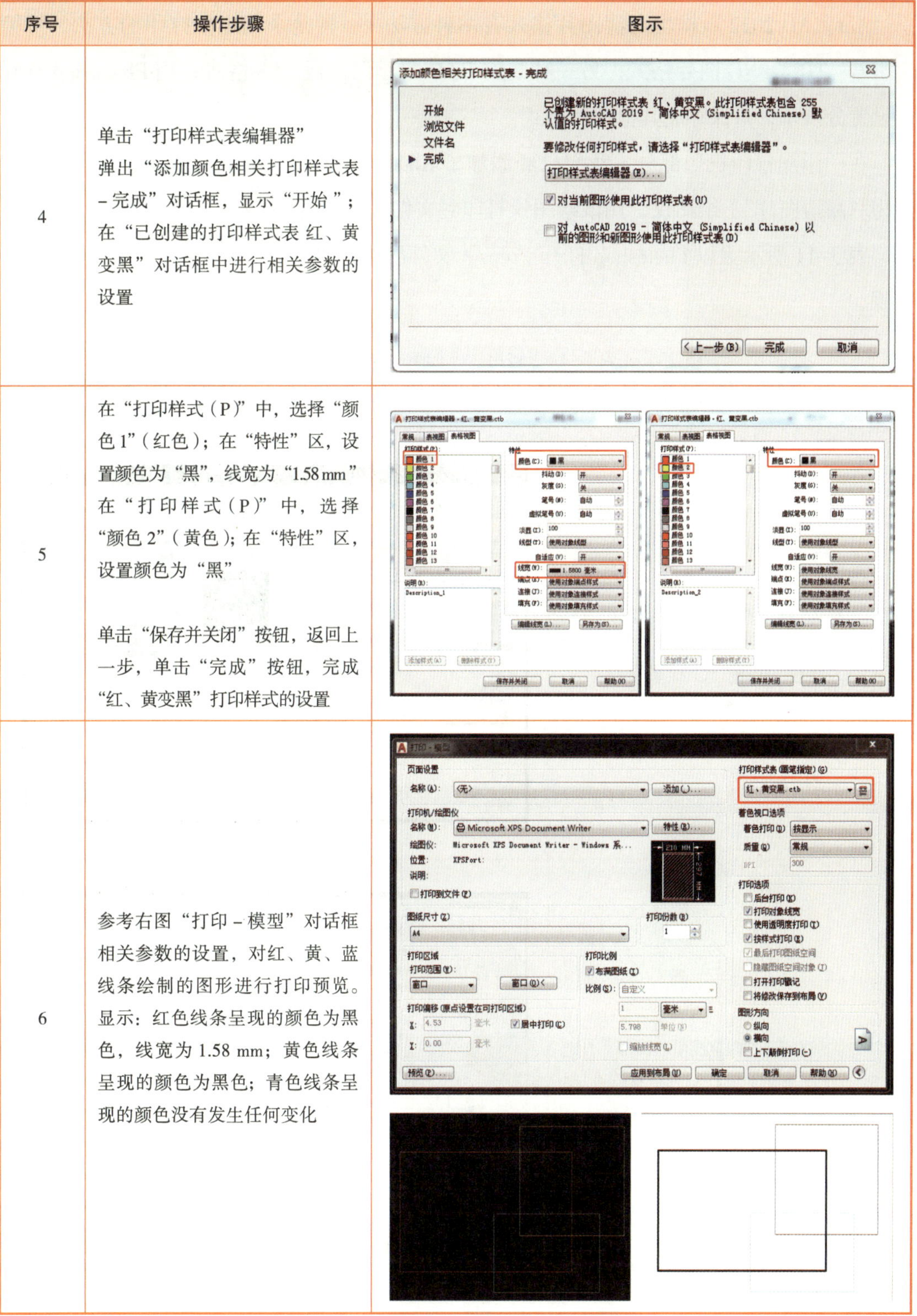

序号	操作步骤	图示
4	单击“打印样式表编辑器” 弹出“添加颜色相关打印样式表 – 完成”对话框，显示“开始”；在“已创建的打印样式表 红、黄变黑”对话框中进行相关参数的设置	
5	在“打印样式（P）”中，选择“颜色 1”（红色）；在“特性”区，设置颜色为“黑”，线宽为“1.58 mm” 在“打印样式（P）”中，选择“颜色 2”（黄色）；在“特性”区，设置颜色为“黑” 单击“保存并关闭”按钮，返回上一步，单击“完成”按钮，完成“红、黄变黑”打印样式的设置	
6	参考右图“打印 – 模型”对话框相关参数的设置，对红、黄、蓝线条绘制的图形进行打印预览。显示：红色线条呈现的颜色为黑色，线宽为 1.58 mm；黄色线条呈现的颜色为黑色；青色线条呈现的颜色没有发生任何变化	

2. 输出图片格式

AutoCAD 2022 版输出高清图片格式有两种方法：一种是采用虚拟打印的方法，可输出 JPG、TIF、PNG 图片格式；另一种是将 CAD 图形保存成 EPS 格式，用 Photoshop 打开并设置分辨率，再保存成其他图片格式。

在“添加打印机”部分，我们已经添加了 Adobe 下的“Postscript Level 1”（自定义命名为“高清图片”）绘图仪，用该绘图仪打印到文件就是“.eps”文件。

表 3-11 所示为以 Photoshop 打开“.eps”文件后再输出高清图片格式为例，说明输出步骤。

表 3-11　输出“三居室 .eps”文件

<table>
<tr><th>序号</th><th>操作步骤</th><th>图示</th></tr>
<tr><td>1</td><td>执行“Ctrl+P”命令，弹出“打印 – 模型”对话框，参考右图参数进行设置</td><td rowspan="2">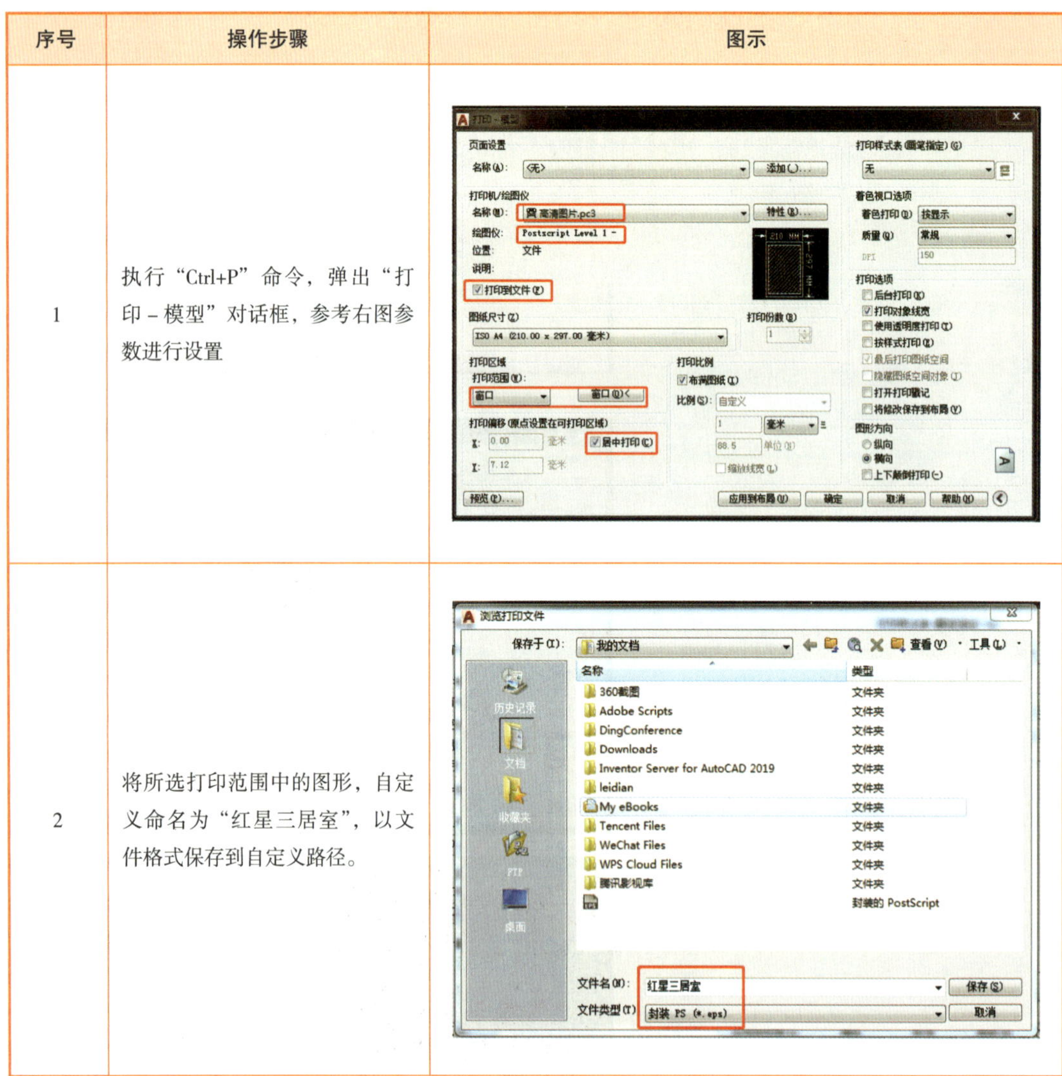
</td></tr>
<tr><td>2</td><td>将所选打印范围中的图形，自定义命名为“红星三居室”，以文件格式保存到自定义路径。</td></tr>
</table>

续表

序号	操作步骤	图示
3	启动 Photoshop，打开“红星三居室 .eps”文件，系统将弹出“栅格化 EPS 格式”对话框，根据图片要求设置“分辨率”“模式”等参数 通过 Photoshop 软件，保存为其他图片格式	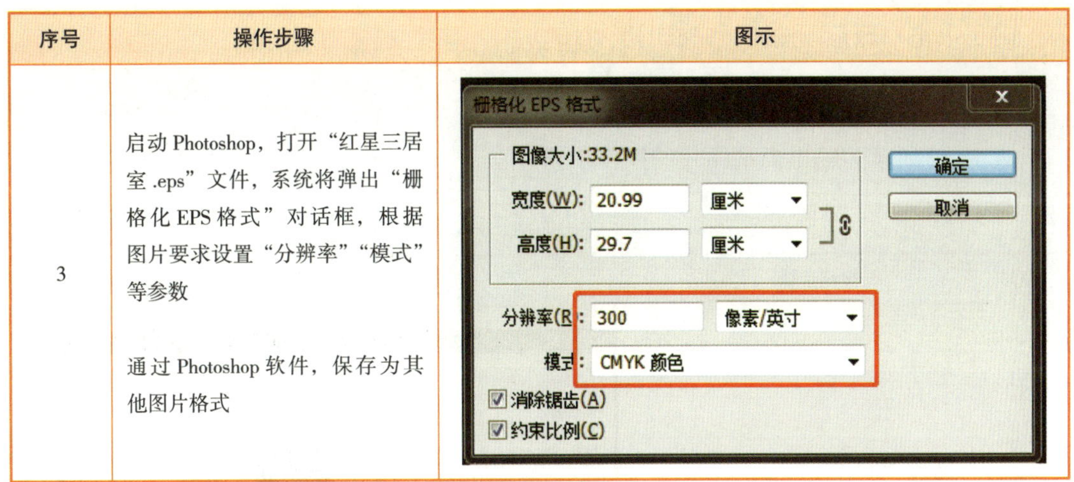

3.3.4 任务实施

1. 打印

（1）执行“Ctrl+P”命令，弹出“打印 – 模型”对话框，参考图 3–14 参数进行设置。

“打印机 / 绘图仪”：选择连接的打印机设备；

“打印范围”：通过鼠标拖动窗口选取打印的图形；

“打印样式表”：根据实际所需，进行选择；

“图形方向”：以尽可能占满图纸为标准，进行选择；

“打印比例”：根据任务要求，设置比例为 1 : 100。

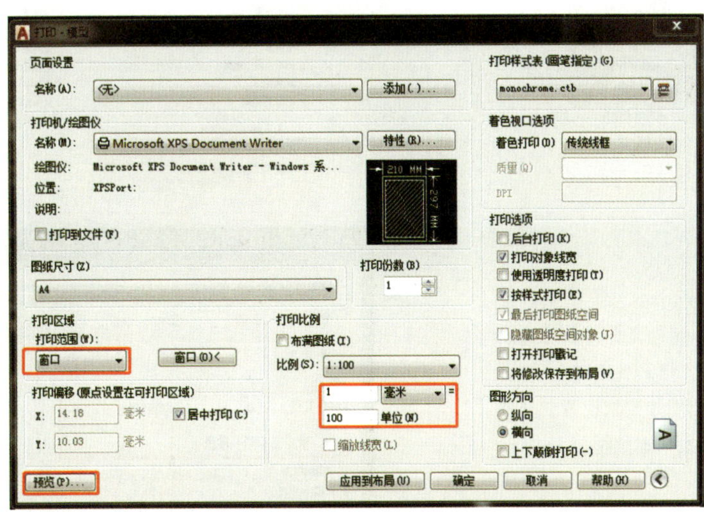

图 3–14　“打印 – 模型”对话框

（2）单击“预览”按钮，可预览打印出来的图片效果。

（3）单击“确定”按钮，完成图纸打印。

2. 输出分辨率 300 像素 / 英寸的图片格式

表 3-12 所示为输出高清图片的操作步骤。

表 3-12　输出高清图片操作步骤

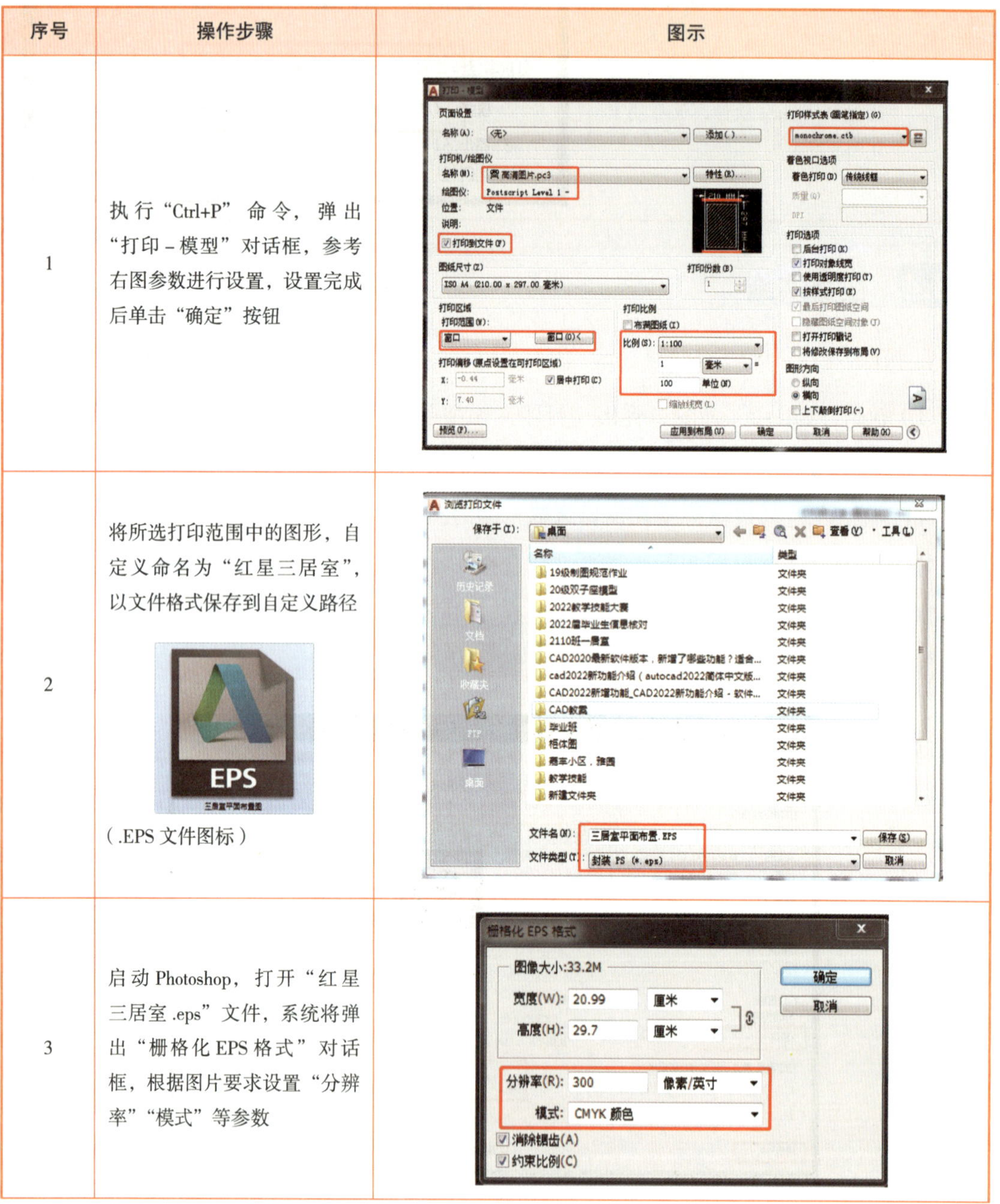

序号	操作步骤	图示
1	执行“Ctrl+P”命令，弹出“打印 – 模型”对话框，参考右图参数进行设置，设置完成后单击“确定”按钮	
2	将所选打印范围中的图形，自定义命名为“红星三居室”，以文件格式保存到自定义路径 （.EPS 文件图标）	
3	启动 Photoshop，打开“红星三居室 .eps”文件，系统将弹出“栅格化 EPS 格式”对话框，根据图片要求设置“分辨率”“模式”等参数	

续表

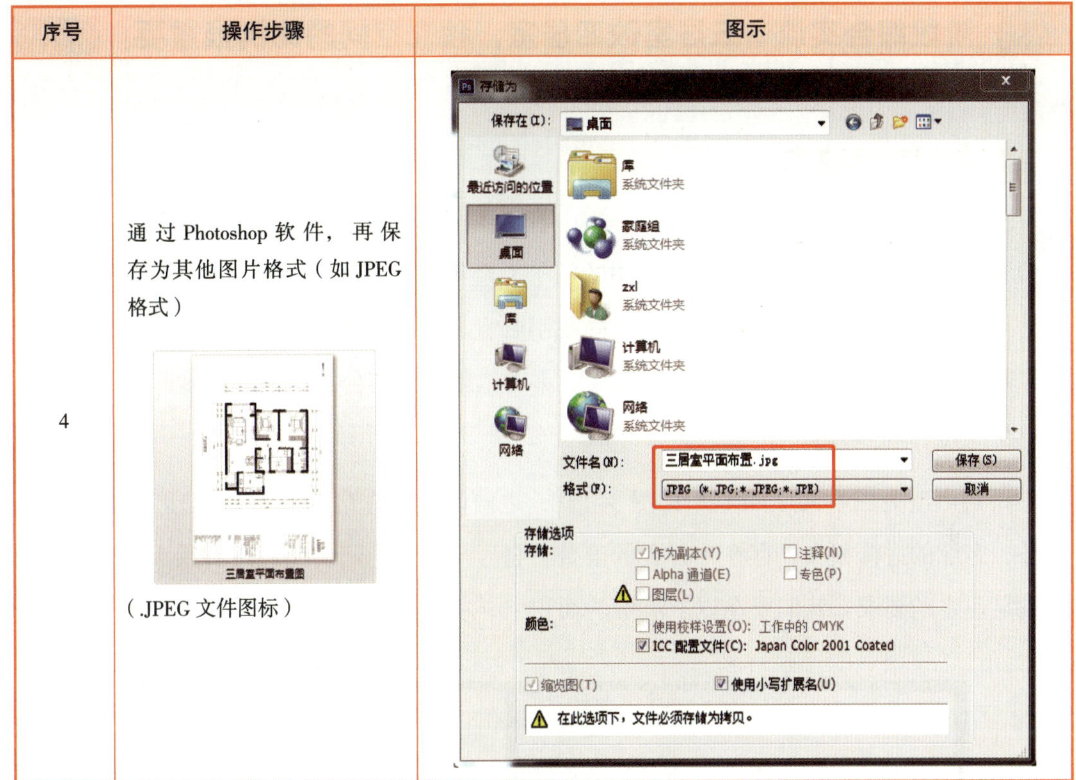

序号	操作步骤	图示
4	通过 Photoshop 软件，再保存为其他图片格式（如 JPEG 格式） 三居室平面布置图 （.JPEG 文件图标）	

3.3.5 任务实施效果评价及反思改进

表 3-13 所示为任务实施效果评价及反思改进报告单。

表 3-13　任务实施效果评价及反思改进报告单

项目名称	室内空间设计平面布置及输出			
学习任务				
任务实施	序号	典型工作环节	实施效果	评价
	1			
	2			
	3			
反思改进				

阶段综合实训　三居室改四居室，独立空间的比例很重要！

1. 家庭结构及需求

三口之家，需要保留三间卧室，一年中有 3~4 个月会有老人同住。业主需求：该原始户型为三间卧室空间，但业主为家族中的长子，逢年过节可能存在聚会和短住的情况；虽然是三口之家，但需要给老母亲预留一间朝阳卧室。另外，为了满足偶尔有客人短住的情况，需要改造出一间房间充当第三居室，但不希望影响整体公共空间的尺度。

2. 原始户型分析

原始户型为三室两厅两卫（见图 3–15），之前的主卧套房安排在客厅沙发墙的背后。此外，客厅的进深很大，存在不必要的浪费。餐厅与客厅中间的面积也有很大的浪费。为了满足业主的要求，我们要在以上浪费的面积中寻求突破，做出优化方案。

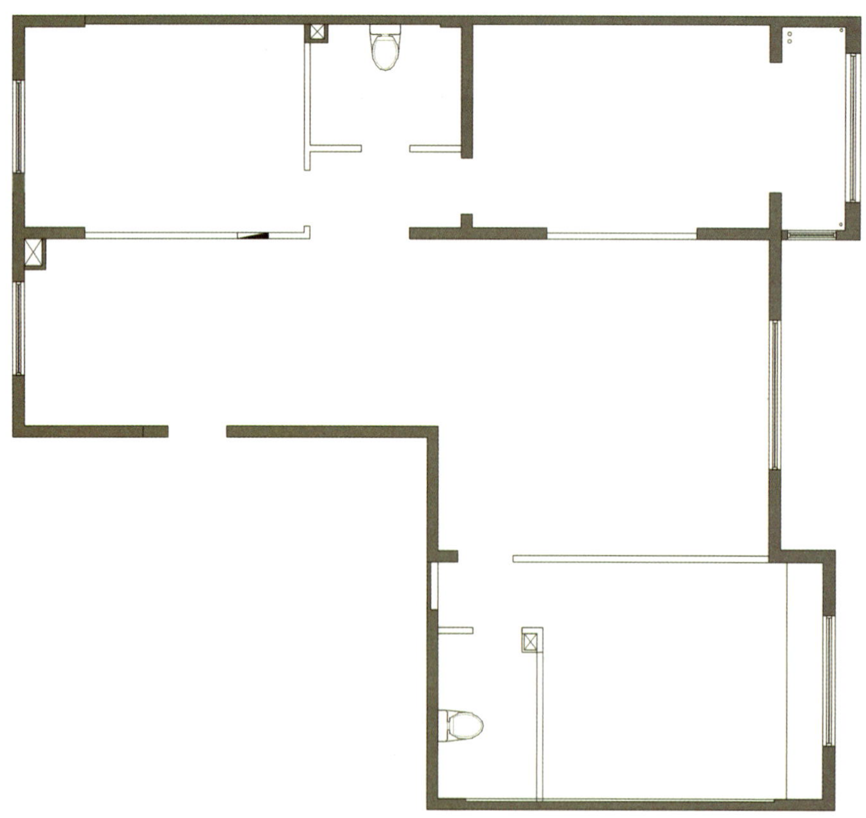

图 3–15　原始户型图

3. 方案分析

图 3–16 所示为户型优化后的平面布置方案。

图 3–16　户型优化后的平面布置方案

（1）门厅占用了之前餐厅的空间，正对面的玄关柜让入户玄关更具有仪式感，两侧的鞋柜和衣帽柜也补足了收纳的功能空间。北侧的厨房为了满足一定的操作空间需要，增加了岛台，设计中也融入了电器高柜和收纳柜，让厨房空间更加整洁，有现代感。虽然厨房空间与入户空间看似在在同一空间，但 G 型岛台的设计让两个空间不再相互冲突。

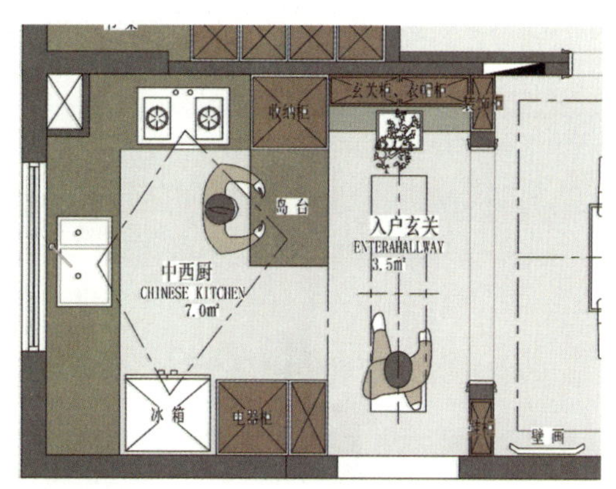

图 3–17　厨房、门厅区域平面布置图

（2）餐厅空间调整了原始户型中间的位置。在现代社交或现代礼仪中，餐厅的功能变得不再纯粹。尤其在大户型中，餐厅除原来的实用功能外，更多是带来仪式感，所以中置的餐桌也让空间变得具有形式感，毕竟客户的户主为家中的长子，逢年过节时需要一处宽大的空间招待客人，而平时的简餐更多是遵循自身习惯，在厨房岛台或客厅进行。对比原始空间的布置，优化后的厨房、玄关、餐厅空间的排列也更加整齐。餐厅四周利用四组不同功能的装饰柜达到围合空间的目的。具体如图 3–18 所示。

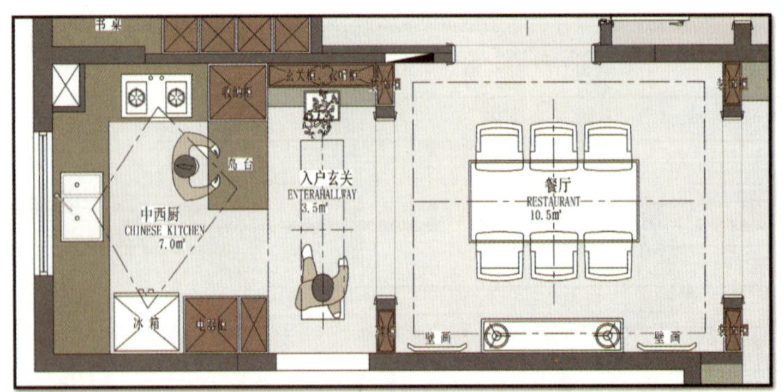

图 3–18　厨房、门厅、餐厅区域平面布置图

（3）家庭核心区及书房有各自的空间。由于改造前的客厅进深较大，所以把之前客厅进深由 5.3 m 缩减成了 3.6 m，属于正常的客厅尺寸，但这个尺寸是平面上的物理尺寸，为了满足客厅原来的大进深，所以背后的书房空间使用半开放的设计，一方面可以让书房有足够的采光，另一方面可以使客厅的视觉尺度更开阔。为了满足书房具备暂住属性的需要，在书房空间内布置了一处 1.4 m × 2 m 的榻榻米供人休息。为了保证书房的私密性，还在书房走廊与书房中间加装了一扇内嵌推拉门。具体如图 3–19 所示。

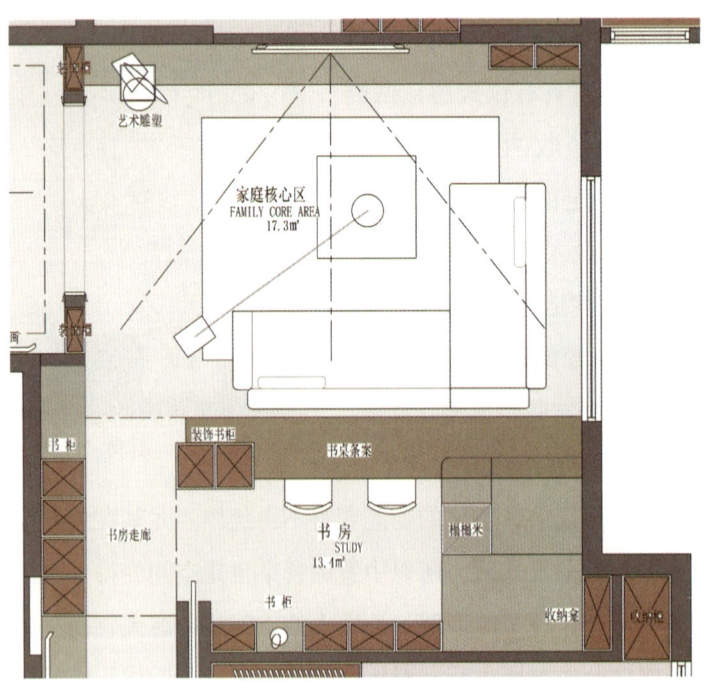

图 3–19　客厅区域优化后平面布置图

（4）客房的空间也是后期老人偶尔居住的房间。为了满足不同时间段的使用特征，把之前主卧套房调整成客卫和客房，在保证老人居住的同时，还方便起夜上卫生间。客房内满足了老人日常的活动空间和收纳空间，在东南角还设置了较深的收纳柜，方便较大的物品如轮椅、陪护床、制氧仪等适老设备存放。

北侧改造从之前的两个空间优化为三个空间。这样的优化方法必须有先决条件，那就是要保证其中一处的空间足够宽大，同时要考虑满足整体户型的功能分区和使用的便捷性。

客房 1 区域平面布置如图 3-20 所示。

图 3-20　客房 1 区域平面布置图

（5）客房 2 的主人是一位准备上大学的男孩，考虑到男孩实际居住的时间不算长，所以进行了调整，并增加了收纳间，如图 3-21 所示。

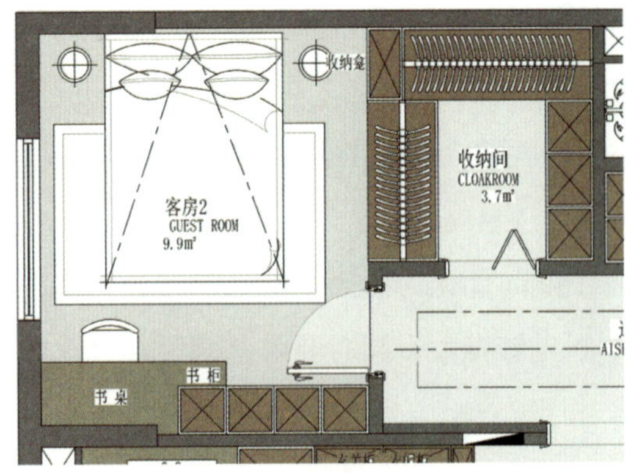

图 3-21　客房 2 区域平面布置图

（6）主卧套房的空间其实是由之前客卧和客卫调整优化而成的，主卧空间因包含了家中唯一的阳台，所以在主卫里设置了洗衣机，以方便日后的生活，为了让主卧能显得宽大，采用了较为经典的 L 型柜体设计（见图 3-22）。

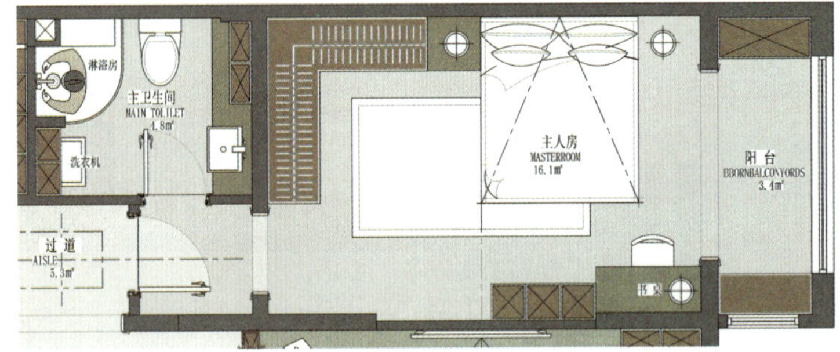

图 3-22　主卧区域平面布置图

3. 方案对比

户型优化前后对比如图 3-23 所示。

（a）　　　　　　（b）

图 3-23　户型优化前后对比

（a）优化前户型；（b）优化后户型

附件1　路兴苑148效果图汇报方案

路兴苑148效果图汇报

01

原创设计中心

Porjects 平面方案

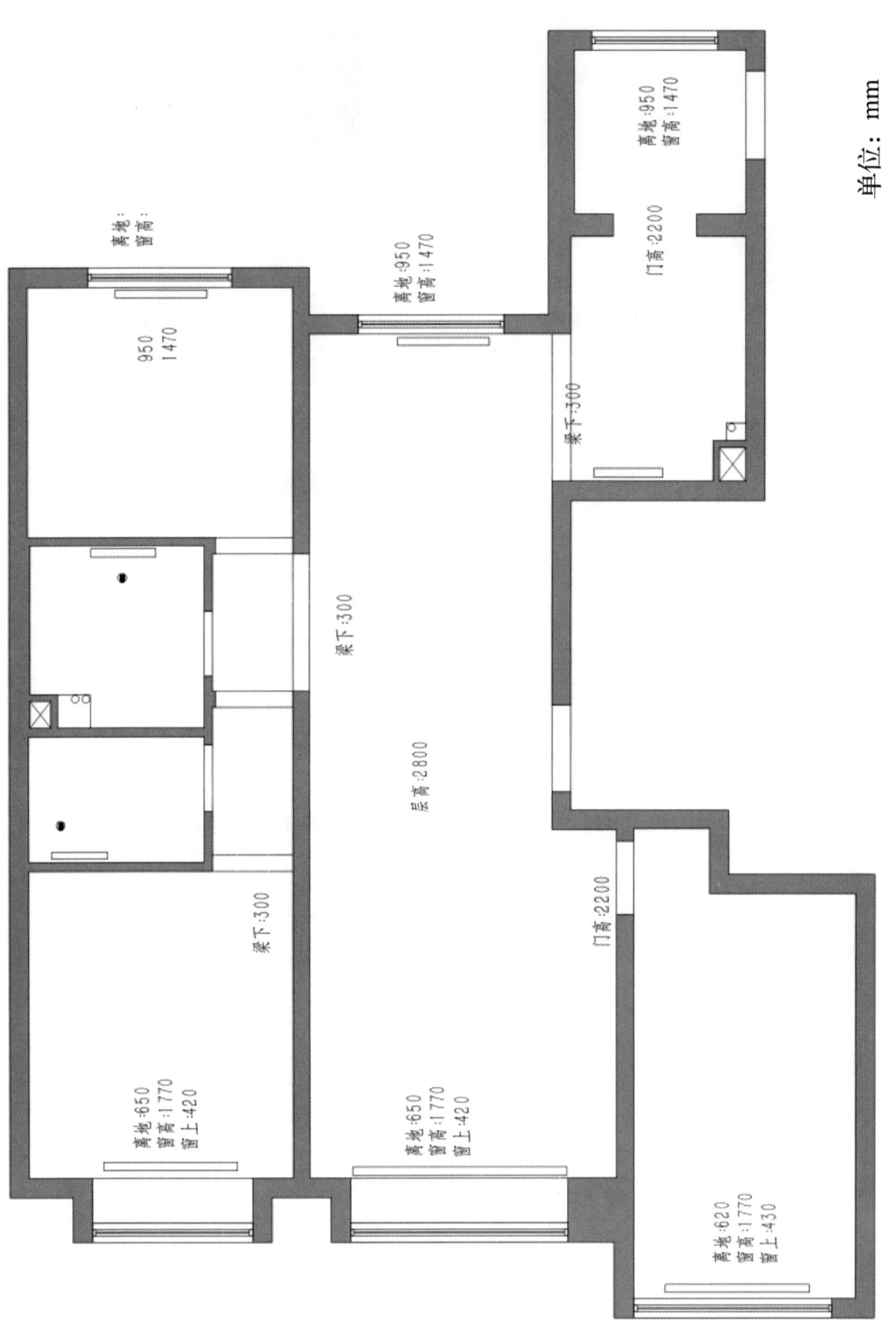
单位：mm
离地:950
窗高:1470
门高:2200
离地:
窗高:
950
1470
离地:950
窗高:1470
梁下:300
梁下:300
层高:2800
门高:2200
梁下:300
离地:650
窗高:1770
窗上:420
离地:650
窗高:1770
窗上:420
离地:620
窗高:1770
窗上:430

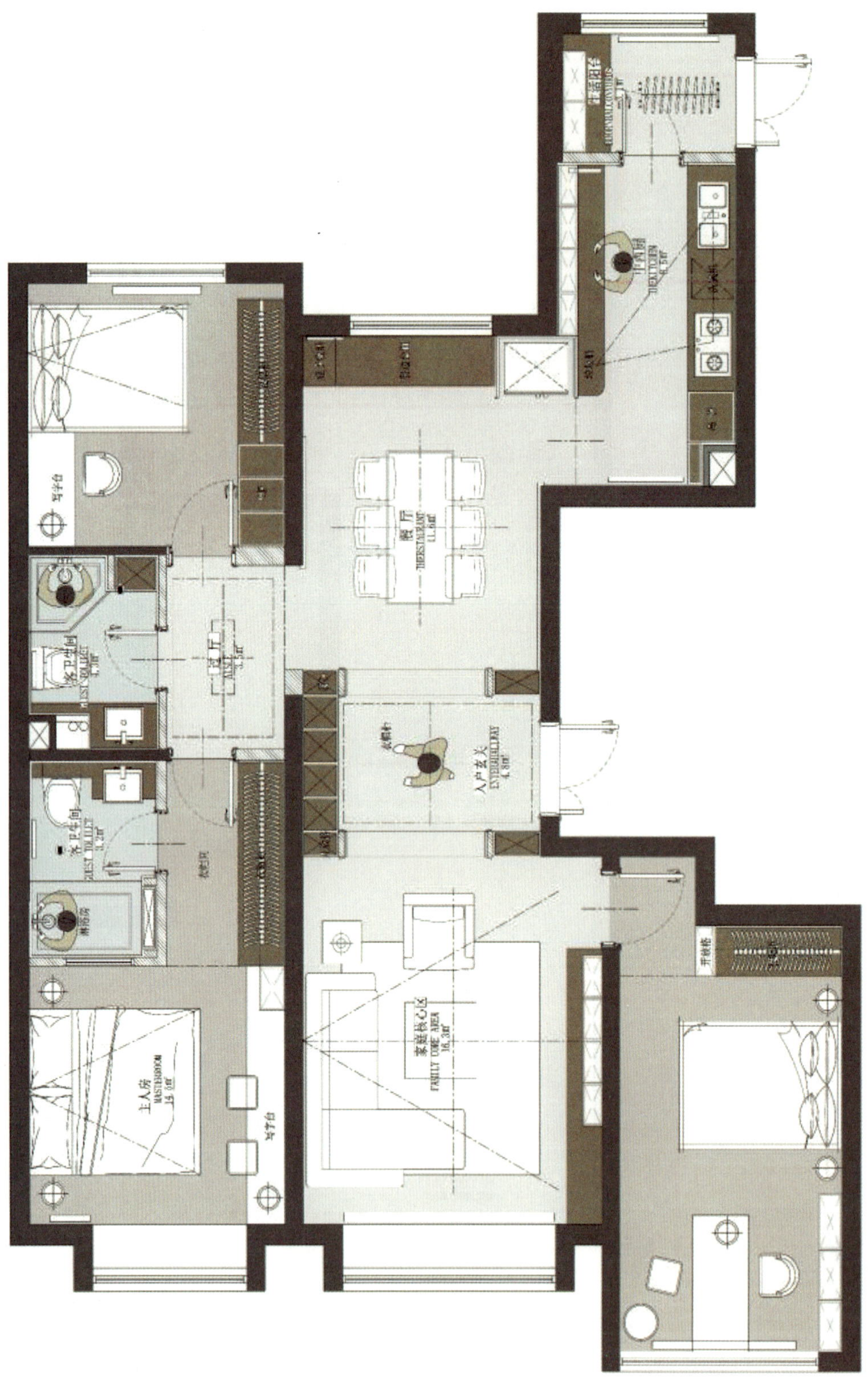

02

原创设计中心

效果图方案

Porjects

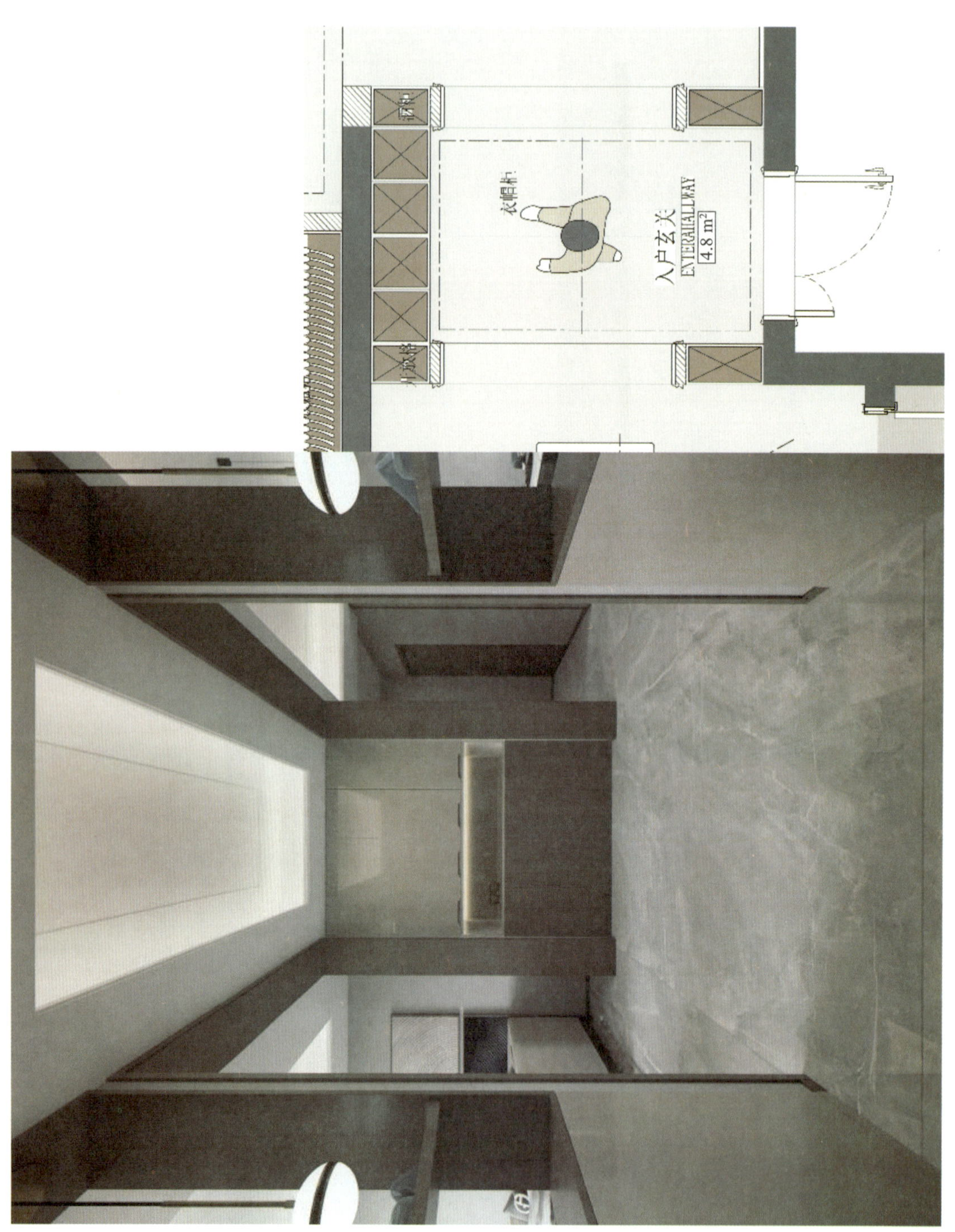
衣帽柜
入户玄关
ENTERHALLWAY
4.8 m²

餐厅
RESTAURANT

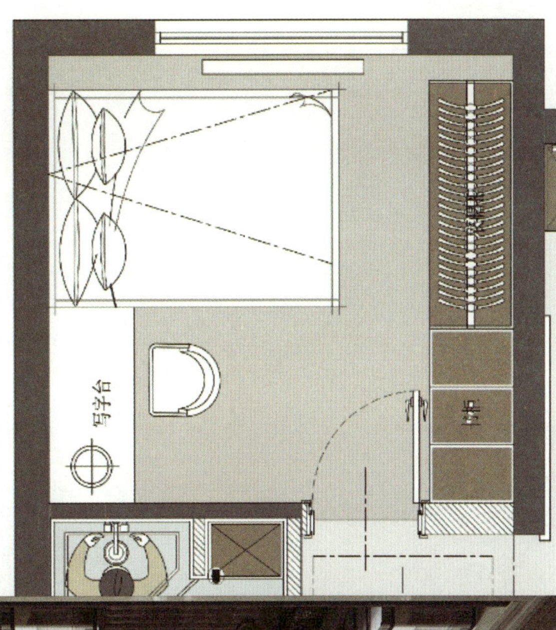
写字台

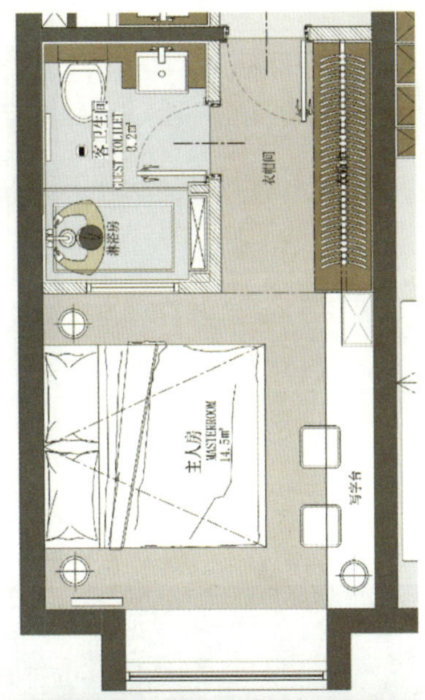

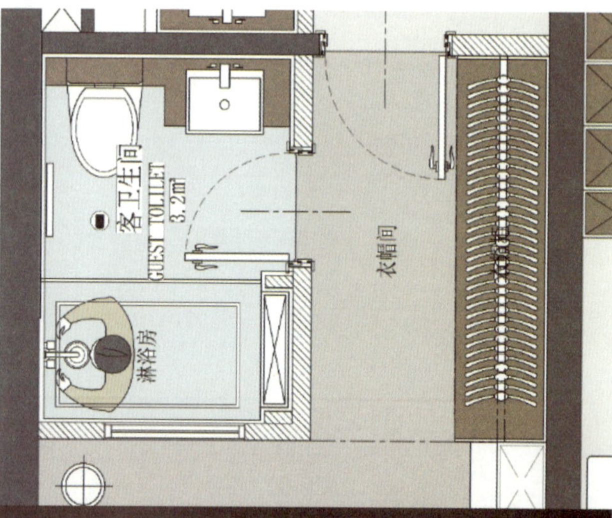
客卫生间
GUEST TOLILET
3.2㎡
淋浴房
衣帽间

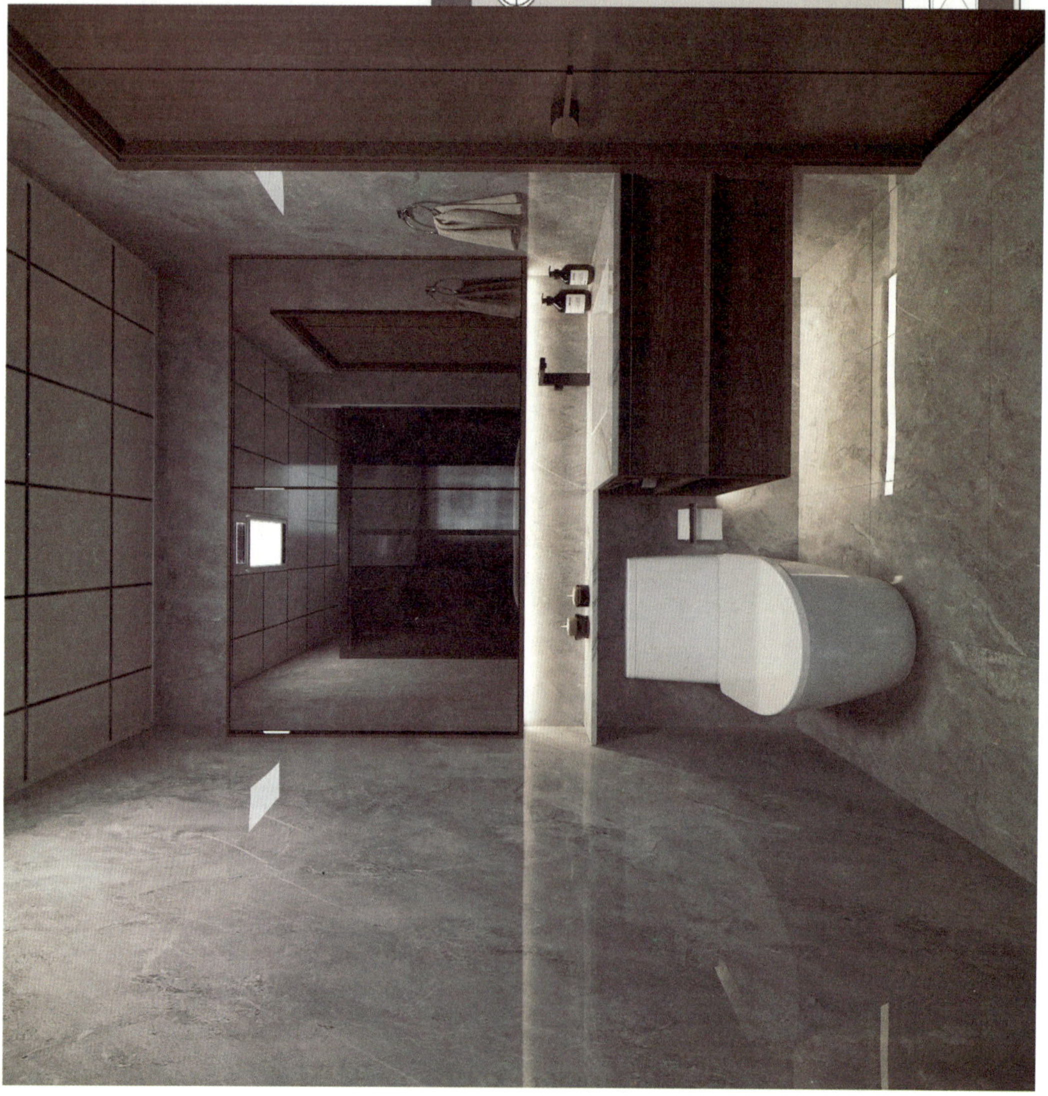

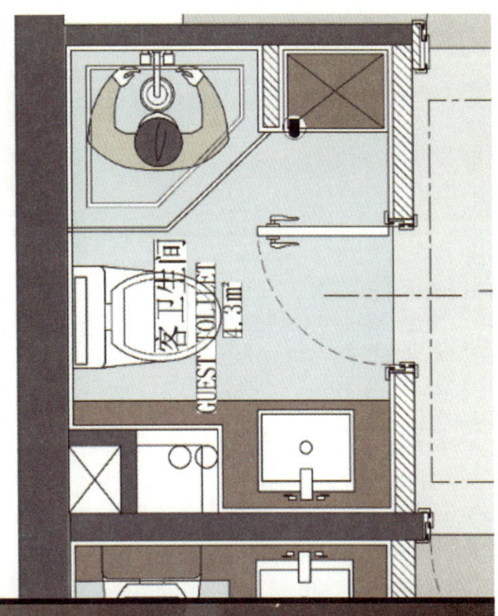
客卫生间
GUEST TOILET
1.3㎡

附件 2　快捷键

Ctrl+A（全选）
Ctrl+B（栅格捕捉）
Ctrl+C（复制）/Ctrl+V（粘贴）
Ctrl+N（新建文件）
Ctrl+O（打开文件）
Ctrl+P（打印文件）
Ctrl+S（保存文件）
Ctrl+W（对象追踪）
Ctrl+X（剪切）
Ctrl+Z（撤回）

F1（帮助）
F2（文本窗口）
F3 / Ctrl+F（对象捕捉）
F7 / Ctrl+G（栅格）
F8 / Ctrl+L（正交）
F10 / Ctrl+U（极轴）
F12（动态输入）

绘图工具

A（圆弧）
B（块定义）
C（圆）
DO（圆环）
DIV（等分）
EL（椭圆）
PO（点）
H（填充）
I（插入块）
L（直线）
ML（多线）
PL（多段线）
POL（正多边形）
REC（矩形）
REG（面域）
SPL（样条曲线）
T（多行文本）
TEXT（单行文字）
W（定义块文件）
XL（射线）

修改工具

AR（阵列）
BR（打断）
CO（复制）
E/DEL（删除）
F /CHA（倒圆角 / 倒角）
LEN（直线拉长）
M（移动）
MI（镜像）
O（偏移）
RO（旋转）
S（拉伸）
SC（比例缩放）
TR/ EX（修剪 / 延伸）
X（分解）

其他

MLD（引线标注）
MLE（多重引线标注）
（表格）

尺寸标注

D（标注样式）
DAL（对齐标注）
DAN（角度标注）
DBA（基线标注）
DCO（连续标注）
DCE（中心标注）
DDI（直径标注）
DLI（直线标注）
DED（编辑标注）
DOR（点标注）
TOL（标注形位公差）
DOV（替换标注系统变量）
DRA（半径标注）

视窗缩放

P（平移）
Z+ 空格（实时缩放）
Z（局部放大）
Z+P（返回上一视图）
Z+E（显示全图）

对象特性

CH / Ctrl+1 修改特性 ADC / Ctrl+2 设计中心
AA（面积）
AL（对齐）
ATT（属性定义）
ATE（编辑属性）
BO（边界创建，包括创建闭合多段线和面域）
COL（设置颜色）
DS 设置极轴追踪）
DI（距离）
EXIT，QUIT（退出）
EXP（输出其他格式文件）
IMP（输入文件）
LA（图层操作）
LI（特性列表）
LT（线形）
LTS（线形比例）
LW（线宽）
MA（格式刷）
OP（自定义 CAD 设置）
OS（设置捕捉模式）
PU（清除垃圾）
PRE（打印预览）
R（重新生成）
REN（重命名）
ST（文字样式）
SN（捕捉栅格）
TO（工具栏）
UN（图形单位）
V（命名视图）

参考文献

[1] 夏万爽，边颖．建筑装饰 CAD［M］．合肥：安徽美术出版社，2016.

[2] 留美幸．室内设计制图讲座［M］．北京：清华大学出版社，2011.

[3] 孔小丹．室内设计项目化教程［M］．北京：高等教育出版社，2014.

[4] 高祥生．装饰设计制图与识图［M］．北京：中国建筑工业出版社，2014.

[5] 何扬．环境艺术专业应用职业技术培训教程［M］．北京：中国人民大学出版社，2010.

[6] 苏专，孙雯．AutoCAD 室内外设计从入门到精通［M］．武汉：武汉大学出版社，2020.